Manual de manejo sustentable del cultivo de jitomate en invernadero

Manual de manejo sustentable del cultivo de jitomate en invernadero

OPIC, A. C.

Número de Control de la Biblioteca del Congreso de EE. UU.:   2013907469
ISBN: Tapa Dura   978-1-4633-5646-0
                      Tapa Blanda   978-1-4633-5645-3
                      Libro Electrónico   978-1-4633-5644-6

Este libro fue impreso en los Estados Unidos de América.

Fecha de revisión: 26/04/2013

Para realizar pedidos de este libro, contacte con:
Palibrio
1663 Liberty Drive
Suite 200
Bloomington, IN 47403
Gratis desde EE. UU. al 877.407.5847
Gratis desde México al 01.800.288.2243
Gratis desde España al 900.866.949
Desde otro país al +1.812.671.9757
Fax: 01.812.355.1576
ventas@palibrio.com
433367

ÍNDICE

Este manual pertenece a; _____
_____

Nombre de la organización: _____
_____
_____
_____

Comunidad: _____
_____

Municipio: _____
_____

Estado: _____

Teléfono casa _____Teléfono celular _____

E-mail: _____

PRESENTACIÓN

Como en todo el territorio nacional, la agricultura protegida en el estado de Querétaro se está convirtiendo en una estrategia de futuro para los agricultores pequeños. Esto no es una casualidad, ante la crisis en el campo, el cultivo de jitomate y otras hortalizas (pimiento, pepino, melón, etc.) se han anclado en la simpatía de los agricultores debido a los resultados productivamente visibles, el uso de tecnologías viables y económicamente rentables. Es decir, el esfuerzo invertido se traduce en resultados económicos e inmediatos para las familias. De esta manera, la producción en invernadero representa una alternativa viable de producción y al mismo tiempo una oportunidad de negocio para los pequeños productores. Veamos por ejemplo, en una superficie de 1,000 m2 existe un potencial de producción de 35 toneladas, mientras que a cielo abierto esta misma producción se obtiene en una superficie de 10,000 m2. Esto significa garantizar y recuperar la inversión del capital en el corto plazo (2 a 3 años). El cultivo de jitomate sigue siendo el principal producto que proporciona los mayores ingresos económicos a los agricultores, es por ello, es urgente mejorar su manejo productivo con énfasis en la sustentabilidad.

El documento recoge el conocimiento práctico del trabajo de campo de productores y promotores. Es decir, la experiencia proviene directamente de los productores. De ninguna manera pretende ser un texto académico, sino un manual de apoyo técnico para ser utilizado en la práctica diaria del productor. No obstante, la información expuesta no es la última, ni tampoco intenta ofrecer un manojo de recetas tecnológicas, sino un abanico de opciones tecnológicas que incorpore en el productor principios y metodologías, con el fin de ir probando y cada vez descubriendo nuevas maneras de hacer las actividades en el cultivo, para adaptarse a cada invernadero según su necesidad, sin perder de vista la eficiencia y el momento oportuno para hacer los trabajos.

El manual sintetiza un plan de actividades que el agricultor debe hacer de manera eficiente y oportuna; es decir, bien hechas y en el momento clave, y para ello, se requiere una alta disciplina del productor. Sólo de esta forma tendrá altas probabilidades de lograr un aumento de su rendimiento. En otras palabras, el mejoramiento en el manejo del cultivo de jitomate como toda actividad agrícola es un trabajo de arte. Es decir, los productores deben estar convencidos de que el trabajo en el cultivo depende de la comprensión de las actividades que del estricto cumplimiento de una serie de recetas; además de su entusiasmo, pero sobre todo, deben creer en su propia capacidad para aplicar los conocimientos con dedicación y espíritu innovador.

C. Tomás Vázquez Sosa

Vicepresidente del Consejo Directivo Nacional

Organización para los Pueblos Indígenas y Campesinos OPIC, A. C.

INTRODUCCIÓN

Sin duda alguna, la producción en invernaderos está creciendo a un ritmo acelerado en los últimos años. No obstante, 85 de cada 100 invernaderos son abandonados después del segundo año de cultivo; entre las principales causas se mencionan: una curva de aprendizaje del productor de 3 a 4 años, pero además se complica porque cuando apenas se está familiarizando con el manejo, la vida útil del plástico se termina y hay que cambiarlo; otra falla del abandono son los bajos rendimientos, que andan entre 12 y 15 kilos por metro cuadrado, y si además coincide con los bajos precios de venta del producto, prácticamente terminan siendo una actividad no rentable.

En este sentido, el propósito del manual es abonar a la sustentabilidad de los productores pertenecientes a la organización de productores indígenas y campesinos (OPIC A.C) del municipio de Amealco de Bonfil, del estado de Querétaro; a través de ofrecer las herramientas básicas para el manejo productivo del cultivo de jitomate saladette en invernadero en condiciones de baja tecnología: cultivo en suelo, riego de control manual, manejo del clima manual.

La información que se comparte es producto de la experiencia vivida directamente con los productores de campo y fortalecida con el conocimiento de la ciencia. Sin embargo, las recomendaciones aquí vertidas no son la última palabra, pero sí una guía para que el productor pueda realizar las actividades de una manera eficiente y oportuna.

El manual se desglosa en 7 secciones, y cada una busca lograr un objetivo concreto, veamos:

Sección I: Camino hacia la sustentabilidad del productor. Busca sentar las bases para que el productor realice una agricultura sustentable de bajos insumos externos (ASBIE), y al mismo tiempo produzca con las normas de inocuidad alimentaria.

Sección II: Diseño y establecimiento del invernadero. Aquí se ponen al alcance del productor los factores claves de éxito en la construcción del invernadero para que ofrezca las condiciones óptimas para el crecimiento y desarrollo del cultivo.

Sección III: Planificación del cultivo de jitomate. La producción en invernadero tiene que ser un negocio rentable, por lo tanto, el productor debe planear las actividades que implican poner en marcha el cultivo.

Sección IV: Establecimiento y manejo del cultivo. Aquí el productor se le ofrece las herramientas de manejo del cultivo desde el trasplante hasta la maduración del fruto.

Sección V: Riego y nutrición. Esta etapa es el corazón de todo el invernadero. Realizar un programa de riego y nutrición que procure un buen desarrollo del cultivo.

Sección VI: Protección contra plagas y enfermedades. Se ofrecen las herramientas para monitorear, identificar y aplicar métodos del control integrado de plagas y enfermedades.

Sección VII: Cosecha y manejo pos cosecha. Se dan los requisitos básicos del manejo del producto durante la cosecha y comercialización.

En síntesis. Para garantizar el éxito de la producción, el agricultor deberá cumplir al pie de la letra 17 acciones concretas. A continuación se muestra la ruta crítica de ellas:

Diseño y establecimiento del invernadero		
1	Nivelado del terreno	Un suelo bien nivelado permite una distribución uniforme del agua de riego y los fertilizantes, así como un aprovechamiento eficiente de los agroquímicos.
2	Diseño del invernadero	El invernadero es la herramienta principal del agricultor, el diseño está en función de las condiciones climáticas de la zona para favorecer el desarrollo del cultivo.
3	Control del clima	La temperatura, humedad relativa y la radiación solar son factores clave que se tienen que controlar. Controlar los rangos de temperatura y humedad relativa que requiere el cultivo para su buen desarrollo.

Planificación del cultivo de jitomate		
4	Planeación del ciclo de cultivo	Desde un inicio se debe planear la diversificación de cultivos, pero además producir en periodos de buenos precios. Para el cultivo de jitomate esta ventana de precios altos va de agosto a diciembre.
5	Planeación de ciclos cortos	Planear dos ciclos al año implica disminuir costos de producción por mano de obra, mejor calidad de la producción y menor riesgo de plagas y enfermedades.
Trasplante y cuidado del cultivo		
6	Enriquecimiento de la fertilidad del suelo.	El aporte de materia orgánica al inicio de cada ciclo de cultivo permite regresar al suelo lo que se extrae y de esta manera el productor realiza una agricultura cíclica.
7	Preparación de un suelo de textura franca	La mezcla de material arenoso (poma, tezontle, arena) con limo y arcilla (tepetate), mejora las condiciones de anclaje, aireación y drenaje para el desarrollo de las raíces.
8	La densidad óptima de plantas	Una densidad de 2.5 plantas por m^2, ofrece buenas condiciones de ventilación, luminosidad y espacio para las labores culturales.
9	Poda de hojas y tallos	Mantener la planta entre 11 y 15 hojas para estar en balance. Los brotes se quitan cuando tienen un largo de 5 cm; esto evita el debilitamiento del crecimiento apical.
10	Control de la polinización	La polinización es diaria entre 11 de la mañana y 2 de la tarde para asegurar buen cuajado y amarre de frutos.
11	Raleo de flores y fruto	Cada racimo debe mantener entre 6 y 7 frutos y un peso aproximado de un kilo. Eliminar flores y frutos garantiza una mejor calidad en tamaño uniforme de los frutos.
Riego y nutrición del cultivo		
12	Suministro de la cantidad de agua necesaria	Suministrar la cantidad de agua que requiere una planta, según su etapa fenológica, evita su estrés hídrico, así como el exceso de agua en el suelo. Ambos casos son perjudiciales.
13	Control de pH	Por lo regular el agua tiene un pH mayor a 7. Para asegurar la asimilación de los nutrientes por las plantas, es necesario bajarlo agregando ácidos (sulfúrico, nítrico o fosfórico) a un valor de 5.5 a 6.5.
14	Dosis óptima de nutrientes de acuerdo a la etapa del cultivo	Una nutrición balanceada que incluye los 6 macronutrientes (nitrógeno, fósforo, potasio, calcio, magnesio y azufre), así como los 7 micronutrientes (fierro, boro, cobre, zinc, manganeso, cloro y manganeso).
Protección del cultivo contra plagas y enfermedades		
15	Aplicación de manejo integrado de plagas y enfermedades.	Combinar estrategias preventivas de control de plagas y enfermedades, ayuda a bajar costos de producción por menor uso de productos químicos. Aplicar medidas de control físico, cultural, biológico y hasta el final el control químico.

16	Aplicaciones preventivas de productos	Realizar un calendario de aplicaciones preventivas de fungicidas químicos y orgánicos para las plagas y enfermedades. Esto debe hacerse desde antes del trasplante del cultivo y no esperar hasta que aparezca el daño en el cultivo.
Cosecha y manejo pos cosecha		
17	Clasificación de las calidades	Clasificar los frutos por tamaño se obtienen por lo menos tres calidades: primera, segunda y tercera. Esto le permite al productor diversificar sus clientes y mejorar sus ganancias.

PRIMERA SECCIÓN

Camino hacia la sustentabilidad del agricultor

Agricultura Sustentable de Bajos Insumos Externos (ASBIE)

Durante la década de 1960, el modelo de desarrollo agrícola dio pie a un proceso de industrialización de la agricultura a partir del uso de fertilizantes y plaguicidas. Si bien es cierto, permitió un incremento significativo de la producción para alimentar a la población; también ha tenido efectos contraproducentes. El primero de ellos, es el proceso sostenido de erosión del suelo, que ha reducido la superficie de tierra cultivable. Diariamente deben de ser alimentadas 7'000,000 millones de personas en todo el mundo; para alimentar una persona en forma suficiente y diversificada se necesita una superficie de 5,000 m² de suelo fértil; actualmente sólo se dispone de 2,500 m² y se estima que en los próximos 30 años en promedio se tendrá una superficie de 1,400 m² (Misereor 2001).

El segundo efecto ha sido la pérdida del conocimiento local, debido al poco valor que se le daba al saber del productor, se suponía de antemano que el conocimiento científico era superior. Y junto con dicha pérdida, se fueron perdiendo sistemas agrícolas tradicionales que albergan un cúmulo de experiencias que bien pueden aprovecharse para potenciar la actividad agrícola.

Desde esta mirada, existe una crisis del modelo de producción agrícola, la manera en cómo los agricultores cultivan sus tierras. Por lo tanto, lo que está en juego es el tipo de agricultura que los agricultores asumirán como estrategia de futuro. Una agricultura que al mismo tiempo que conserva los recursos naturales, les permita vivir decorosamente; una agricultura que no dependa exclusivamente de los insumos externos, sino que aproveche los recursos y mano de obra local; una agricultura que no haga depender a cuencas enteras de un solo cultivo, sino que privilegie la diversificación productiva; una agricultura que no ofrezca recetas tecnológicas, sino que aprovecha el diálogo fructífero entre el conocimiento científico y la capacidad de innovación de los saberes locales. Una agricultura que oriente, parte de su producción al mercado, y al mismo tiempo busque satisfacer su seguridad alimentaria.

En un contexto de agricultura hecha por agricultores pequeños, cada vez es más difícil seguir dependiendo de esta actividad económica ante un aumento progresivo de los precios de fertilizantes e insumos agrícolas. En estas condiciones, un agricultor difícilmente puede hacer de la agricultura una actividad rentable y competitiva. Ante esta situación, los agricultores deben construir sistemas de agricultura protegida con base en los siguientes principios básicos:

i.   Adaptar las tecnologías agrícolas a las condiciones locales y a sus propias necesidades del agricultor, optimizar el uso de los recursos locales y combinar los diversos componentes del sistema agrícola (plantas, suelo, agua, clima y agricultor) como una estrategia para generar sinergias.

ii. Reducir el uso de insumos externos, que afectan la salud de los agricultores y consumidores y potenciar el uso de recursos locales (por ejemplo el uso de materia orgánica), así como el aprovechamiento de la energía solar y otras fuentes de energía renovable.

iii. Potenciar y fortalecer los conocimientos de los agricultores para un manejo racional de los recursos naturales. Esto implica valorar el conocimiento del agricultor y combinarlo con el conocimiento científico y tecnológico.

La agricultura sustentable de bajos insumos externos, es un modelo abierto que privilegia la capacidad de los agricultores en la búsqueda de opciones productivas y que pone el énfasis en una pedagogía agrícola participativa (Coen Rejinties, 1995). Sin embargo, la sustentabilidad del pequeño agricultor no debe ser vista como un enfoque culturalmente impuesto, como un nuevo modelo agrícola tecnológicamente suficiente, por muy respetuoso que sea de la naturaleza; por el contrario, debe ser un proceso de aprendizaje abierto que se alimenta y enriquece de la experiencia y del saber local. En otras palabras, un conocimiento socialmente construido, desde las condiciones apremiantes, pero también desde su potencialidades. Si no lo hacemos de esta manera, se corre el riesgo de convertirlo en dogma, en un sistema de prácticas cerradas.

Ante una necesidad urgente de cuidar los recursos naturales, una crisis recurrente de bajos precios de los productos y costos elevados de los insumos agrícolas, es necesario buscar nuevas maneras de aumentar la rentabilidad y las ganancias de la producción en invernadero para que el productor siga viviendo de la agricultura y permanezca arraigado a su tierra.

Del manejo especializado al manejo sustentable

Un común denominador en la zona es la pérdida de la capacidad productiva del suelo, es un problema invisible entre los productores: creen que el suelo es *inagotable*. Se ha perdido su diversidad biológica que habita en ella y, por tanto, la función que desempeña: la interacción suelo-planta, la formación de materia orgánica, la mineralización que genera nutrientes para el crecimiento de las plantas, la misma acumulación de humus, la fijación de nitrógeno y la absorción de nutrientes por las raíces de las plantas.

Visto así, la actividad agrícola se ha dado de manera lineal: *suministrar insumos (químicos y mano de obra) al suelo obtener un producto (cosecha).* Esta es la razón principal del porqué el manejo especializado privilegió actividades intensivas de manejo: aplicar fertilizantes químicos para nutrir el cultivo, el uso de plaguicidas sintéticos para el control de plagas y enfermedades. En otras palabras, se busca elevar la producción a cualquier costo, el fin último es la máxima extracción de recursos.

No obstante, la fertilización requiere de que el productor disponga de dinero en efectivo y en la mayoría de las veces, no sólo resulta oneroso, sino prácticamente imposible. Y es aquí donde el modelo tecnológico pierde su eficacia al romperse la lógica de producción y el productor entra en un círculo vicioso: no fertiliza porque no hay ingresos, por lo tanto, a los bajos precios del mercado, se le suma la baja productividad del invernadero, también menos actividades.

Dicho de otra manera, en el sistema especializado, los precios del mercado tienen una incidencia directa en el manejo productivo del invernadero: a mejores precios, mayor inversión, por el contrario, a menores ingresos, disminuyen las actividades culturales en cantidad y calidad.

La fertilización química no sólo está demostrando su inviabilidad económica, sino también su ineficacia y sus límites. Las aplicaciones de fertilizante al poner el énfasis exclusivamente en el desarrollo productivo del cultivo, dejan de lado la regeneración del suelo. Esta manera del manejo del cultivo es unilateral, en cuanto sólo se ocupa de la planta; y es utilitaria, en cuanto busca solamente el beneficio inmediato a nivel productivo. Se olvida, o no se considera, lo que es peor, la necesidad de mejorar la vida orgánica del suelo. Lo que ha pasado es que nunca se consideraron los *costos incrementales* que ocasiona un manejo especializado extractivo altamente dependiente de insumos externos, saldos que ahora están pagando los agricultores pobres.

El caso del control de plagas y enfermedades, obedece a la misma lógica en la que se sustenta la fertilización: lograr un mayor potencial de rendimiento a partir de tener un cultivo sano. La nominación misma es discutible, plagas y enfermedades, otorga de entrada un sentido negativo a la totalidad de la vida orgánica, haciendo imperativo mantener el cultivo libre de organismos indeseables, desde malas hierbas, hasta trastornos provocados por bacterias y hongos, pasando por diferentes especies de insectos, nematodos y gusanos.

Si bien es cierto que la aplicación de plaguicidas matan a los organismos que provocan daños a los cultivos, también atacan indiscriminadamente a la flora y fauna benévola reguladora del suelo, incluso, a aquellos enemigos naturales de las plagas, desestabilizando así el precario equilibrio orgánico que habita la tierra y el agro ecosistema, y causando una mayor y más agresiva incidencia de plagas. Y nuevamente el círculo vicioso ante la necesidad de elevar las dosis de los agroquímicos por la resistencia de las plagas a los productos.

Desde nuestra manera de ver las cosas, la actividad de los agricultores tiene entonces diversos retos:

i. Pasar de realizar una agricultura altamente extractiva, que empobrece los recursos naturales hacia un tipo de agricultura cíclica. Esto significa que en cada ciclo de cultivo el productor debe aplicar al suelo materia orgánica para compensar lo que ha extraído el cultivo en el ciclo anterior.

ii. Dejar de depender exclusivamente de un solo cultivo y realizar una agricultura diversificada, productiva y económicamente estable, que conserve y regenere los componentes buscando el equilibrio del agro ecosistema.

iii. Pasar de paquetes tecnológicos ortodoxos, dependientes de insumos externos, que se presentan como opciones únicas y panaceas productivistas a los problemas agrícolas; por una oferta tecnológica sustentable y múltiple construida conjuntamente con los agricultores que valore sus conocimientos y promueva el desarrollo de sus capacidades, que se adapte a sus condiciones económicas y que ofrezca respuestas diferenciadas a condiciones ambientales distintas.

iv. Cambiar la ausencia de planeación productiva, así como, la poca iniciativa y falta de innovación agrícola en el mejoramiento de su invernadero; por una mayor capacidad de gestión sobre su invernadero, que ponga el acento en la experimentación y en la validación de alternativas agrícolas a pequeña escala.

v. Dejar atrás procesos de aprendizaje bancarios que insisten en la superioridad del conocimiento científico por encima de los saberes locales que ponen el acento en las productividades de los cultivos; en vez de una pedagogía abierta y dialógica que oriente sus esfuerzos en los agricultores para que sean ellos quienes tomen decisiones para desarrollar su propia agricultura.

Buenas prácticas agrícolas

Hablar de inocuidad alimentaria es un imperativo por la demanda del consumidor de productos sanos. Es una condición de los alimentos que garantiza que no causaran daño al consumidor cuando se preparen y /o consuman. Lo que se busca es que durante el proceso de producción y manufactura es evitar la contaminación por factores físicos (palillos, pelos, uñas, clavos, piedras alhajas, rebabas, etc.), químicos (plaguicidas, nitratos, metales pesados, pinturas, lubricantes, hormonas y toxinas) y, biológicos (bacterias, hongos, virus, heces fecales, ratas, pájaros, parásitos e insectos).

Y para lograr lo anterior, se deben tomar en cuenta los siguientes sistemas de control:

A. Buenas prácticas agrícolas y de manufactura (BPA y BPM). Este sistema nos permite tener higiene y una forma segura de manipular las hortalizas.

B. Hazard Analysis and Critical Control Points (HAACP). Este sistema asegura que los procesos se desarrollen dentro del límite que garantiza que los productos sean inocuos.

Buenas prácticas agrícolas
Foto: Archivo OPIC, A. C.

Por lo tanto, las buenas prácticas agrícolas son un conjunto de normas y recomendaciones técnicas que el agricultor debe seguir en el proceso de producción agrícola, cosecha, selección, empaque, almacenamiento y transporte, con el fin de reducir los peligros de contaminación física, química y biológica y poner al alcance del consumidor un producto de calidad e inocuidad.

Producir con buenas prácticas de cultivo implica tomar en cuenta los siguientes principios:

i.   Obtener productos sanos que garanticen la salud del consumidor y de los trabajadores.

ii. Cuidado y protección de los recursos naturales (agua, aire, suelo, bosques).

iii. Bienestar y seguridad de los agricultores

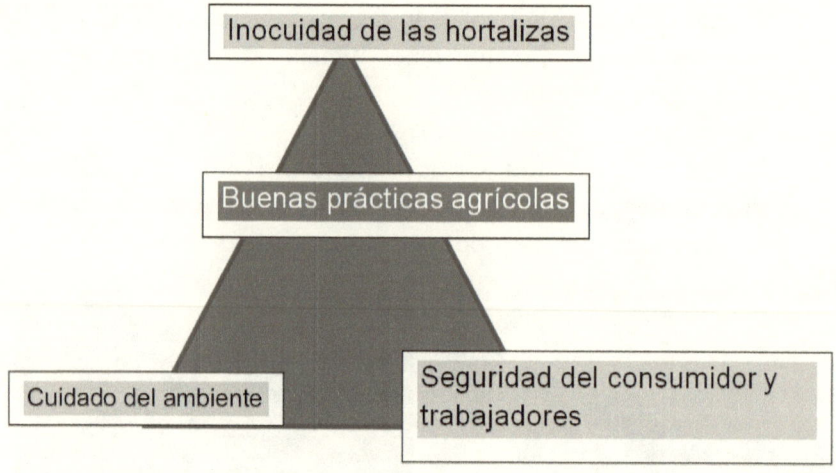

Ventajas de la implementación de las buenas prácticas agrícolas

o   Reducir las fuentes de contaminación de las hortalizas a través de la aplicación de normas de higiene durante la producción y cosecha.

o   Mayor posibilidad de acceder a nichos de mercado más exigentes y que paguen mejores precios.

o Mejor oportunidad de colocar su producto en el mercado debido a las condiciones higiénicas y libres de residuos tóxicos.

o Mayor competitividad de los productores en el mercado local, nacional e internacional.

o Fortalece el prestigio del productor y abre las posibilidades de un mayor crecimiento del negocio.

o Se acota la cadena de intermediarios al vender sus productos a mercados más directos.

o Mayor nivel de gestión empresarial al llevar un control de registros y salidas que mejoran la productividad de la empresa.

Aplicación de las buenas prácticas agrícolas

Suelos y fertilidad

o Nivelación de suelos para un buen manejo del riego, fertilización y agroquímicos.

o Uso de análisis de suelos como herramienta para la preparación de soluciones nutritivas.

o Mejoramiento de la textura del suelo para favorecer buena aireación, drenaje y buen desarrollo de raíces.

o Enriquecimiento del suelo con materia orgánica para favorecer la vida del suelo, reciclaje de nutrientes y menor uso de fertilizantes químicos.

o Uso de acolchados plásticos en las camas y gran couver en los pasillos para el control de hierbas, plagas y ahorro de agua.

Riego del cultivo

o Proteger los pozos y manantiales contra la contaminación química, física y biológica.

o   Análisis de aguas para garantizar su calidad e inocuidad y asegurar que es apta para uso agrícola.

o   Promover sistemas de cosecha de agua, reciclado y almacenamiento.

o   Uso de cintilla de goteo para un uso eficiente del agua.

Protección del cultivo

o   Uso de estrategias de manejo integrado de plagas y enfermedades (MIPE): control físico, cultural, biológico y químico como último recurso.

o   Capacitación de los trabajadores en el uso y manejo seguro de plaguicidas.

o   Uso de productos químicos autorizados para el control de plagas y enfermedades y que protejan los insectos benéficos.

Cosecha y pos cosecha

o   Establecimiento de un sistema de control de cosecha, empaque y transporte de las hortalizas para evitar contaminación por plagas, pájaros, roedores, etc.

o   Cumplimiento de bitácora, que registra las actividades realizadas en el proceso de producción, cosecha y mercado.

Manejo de residuos y contaminantes

o   Mantener el invernadero limpio en el interior y alrededor en la parte externa (libre de basura, hierbas y desechos orgánicos y sintéticos).

o   Evitar la presencia de productos como agroquímicos y combustibles que no causen contaminación al medio ambiente.

o   Reciclar o eliminar los residuos sólidos.

Salud y bienestar

o   Ofrecer buenas condiciones de trabajo y saludables a los empleados del invernadero (sanitarios, comedor).

SEGUNDA SECCIÓN

Diseño y establecimiento del invernadero

La función de un invernadero

Invernadero es un espacio cubierto con plástico, vidrio o malla, que genera un microclima y permite controlar la temperatura, la humedad relativa y la ventilación para acelerar el crecimiento y desarrollo del cultivo y lograr el máximo potencial productivo, al mismo tiempo que lo protege de factores externos, como la lluvia, el granizo, las heladas, los vientos. Es decir, el invernadero es un área protegida y controlada que tiene el propósito de lograr altos rendimientos en pequeñas áreas de terreno.

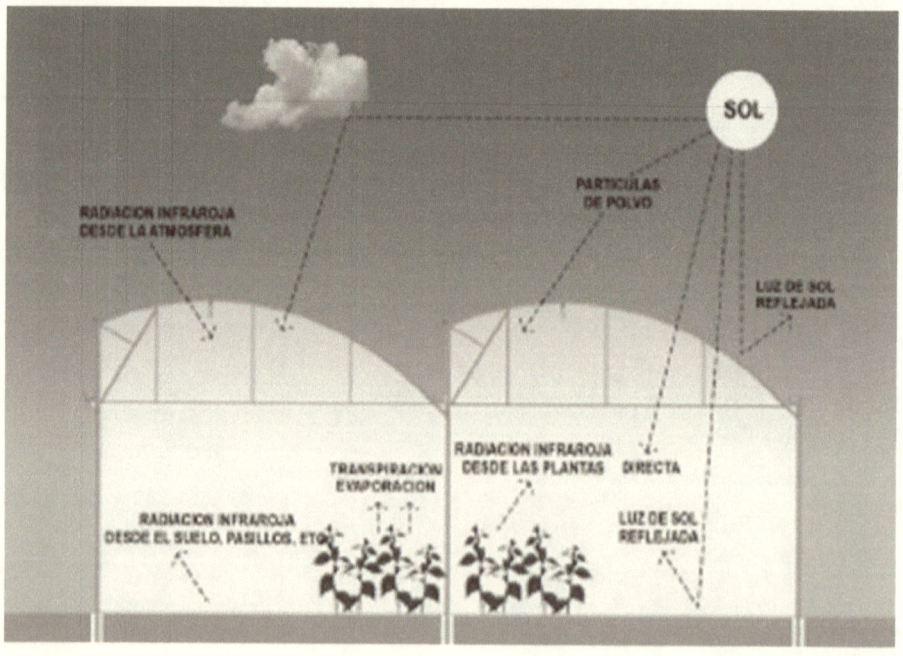

El efecto invernadero es un calentamiento en el interior del invernadero, que ocurre como resultado de atravesar los rayos solares la cubierta plástica, estos al rebotar en el suelo intentan regresar, pero quedan atrapados ocurriendo así un aumento de la temperatura.

Por lo tanto, la función de un invernadero, es mantener la temperatura en tiempo de calor y aumentar en tiempo de invierno.

Las ventajas que ofrece al productor el cultivo en invernadero son las siguientes:

- Lograr una mayor productividad por unidad de superficie. En proporción 1:10, es decir, en 1,000 m² de invernadero se produce lo equivalente a 10,000 m² a cielo abierto.

- Obtener mayor calidad de la producción, más vida de anaquel y a su vez mejor posibilidad de un mejor precio en el mercado.

- Planear los ciclos de producción durante todo el año.

- Garantizar la seguridad alimentaria y la producción de alimentos sanos.

- Generar empleos de las familias rurales. En un invernadero de 1,000 m² se genera 1 empleo fijo y 0.5 empleo temporal.

- Arraigar a las familias en su comunidad.

El potencial productivo de cultivo de jitomate

En el estado de Querétaro hay una heterogeneidad en la productividad de los invernaderos, encontramos productores que obtienen entre 12 y 15 kilogramos/m², otros de 18 a 25, pero también hay quienes alcanzan una productividad de 27 a 35 kilogramos/m². Pero lo que se debe tomar en cuenta, que una baja producción implica un alto costo de producción y viceversa, a mayor producción el costo de producción disminuye.

¿Cuáles son las razones de estos altibajos en la productividad? Veamos.

De los bajos rendimientos:

1. **Diseño y establecimiento del invernadero**

a) **Falta de planeación en el establecimiento del invernadero.** La ubicación del invernadero en zonas bajas, inundables, menor iluminación, presencia de árboles y paredes; terrenos con un desnivel fuerte y; elegir sitios que carecen de accesos y suministros, de agua y luz.

b) **Invernaderos construidos con materiales que no reúnen los estándares de calidad.** Son de alturas bajas (3 metros a la canal); el material de construcción es muy delgado (no es galvanizado); soldados y se rompen muy fácilmente; poca resistencia a la carga; ventilación poco eficiente.

2. Establecimiento y manejo del cultivo

a) Deficiencias en el manejo productivo del cultivo. No se nivela el terreno; poca planeación en los ciclos de cultivo durante el año; altas densidades de siembra (4-6 plantas/m2); el aprovechamiento de suelos con bajo contenido de materia orgánica; retraso en las labores culturales; poca costumbre en métodos preventivos de control de plagas y enfermedades;

3. **Asesoría y capacitación**

a) **La gran mayoría de los productores inicia sin entrenamiento.** La curva de aprendizaje ve de 4 a 5 años; abandono del invernadero después del segundo o tercer años, que coincide con la caducidad del plástico.

4. **Debilidad de la organización de productores**

a. El productor compra insumos, materiales, fertilizantes, semillas con alto valor agregado y al por menor, en el último eslabón de una larga cadena de intermediación. Mientras que vende su producción sin incorporar valor, al por mayor, en el primer eslabón de una larga cadena de intermediación.

Por su parte, aquellos agricultores que han logrado altos rendimientos (arriba de 30 kilogramos) han cumplido con las siguientes diez claves de éxito:

Claves	Descripción
La capacitación: la prioridad en la inversión.	Adquisición de conocimientos técnicos y administrativos. Reduce la curva de aprendizaje de 1 a 2 años. Tomar decisiones en base a un conocimiento.
La asistencia técnica: El reto para la producción	Aceptar el servicio para el aumento de la productividad y la calidad de la producción. El productor debe estar abierto al aprendizaje.
El mejoramiento del suelo: la base para construir buenos cimientos	Nivelación del terreno Aporte de materia orgánica Mejoramiento de la textura
Disciplina: un arte para hacer bien las cosas	Hacer las actividades con eficiencia y en el momento oportuno. Hacer los trabajos en orden (ABC). Dedicarse al trabajo de tiempo completo. Hacer las actividades al pie de la letra
La diversificación productiva: una opción para la sustentabilidad	Dependencia de dos o más cultivos. Ingresos todo el año
La innovación tecnológica: nuevas formas de producir en el invernadero	Realizar una agricultura pensante y creativa. Introducir nuevas tecnologías y nuevos productos al mercado.
Visión empresarial: invertir para ganar.	Planeación de actividades Reducción de costos de producción. Administración del personal de trabajo
El ahorro: La herramienta para comprar a tiempo.	Tener un colchón para hacer las compras de insumos a tiempo para el siguiente ciclo. Guardar dinero de los ingresos obtenidos por la venta Inversión en las capacidades de los trabajadores
Monitoreo constante: las visitas frecuentes al invernadero	Observación y chequeo del cultivo para detectar problemas de plagas y enfermedades. Supervisar que las actividades se realicen bien y en el momento oportuno.
Actitud emprendedora:	Proceso de mejora continua Cambios y ajustes en la producción

A continuación presentamos datos de rentabilidad del cultivo:

Concepto		Ingresos	
Variedad	Rafaello, Cid,	Producción neta 95 %	30,400 kg.
Superficie	1,000 m²	Kg de jitomate de 1ª	24,320 kg.
Densidad de plantación	2.5 plantas/m²	Kg de jitomate 2ª y 3ª	6,080 kg.
Total de plantas	2,500	Precio kg. De jitomate de 1ª	$ 8.00
Kilos de tomate por planta (16 racimos de 800 gr cada uno)	12.8	Precio kg. De jitomate de 2ª y 3ª	$ 5.00
Producción total estimada (2 ciclos, un corto y uno semi largo)	32,000 kilogramos	Ingresos venta de jitomate de 1ª	$ 194,560.00
Producción neta	30,400 kilogramos	Ingresos venta de jitomate de 2ª y 3a	$ 30,400.00
Kilogramos de primera (80%)	24,320	Ingresos venta total	$ 224,960.00
Kilogramos de segunda y tercera (20 %)	6,080		

Agricultura de precisión

La producción en invernadero es un tipo de agricultura intensiva, es decir, hace uso intensivo de los medios de producción, como son inversión de capital en pequeñas superficies de terreno, alto uso de fertilizantes y plaguicidas y mano de obra. El fin principal es obligar a las plantas a expresar su más alta productividad.

Por esta razón, es necesario que el agricultor practique una agricultura de precisión. En otras palabras, llevar a cabo las actividades del cultivo de una manera eficiente, con mayor detalle, exactitud y puntualidad, procurando siempre ser más exigente y trabajar al mínimo margen de error.

Foto: Jorge Dionisio Valdez

En síntesis. Agricultura de precisión, consiste en hacer las actividades correctamente. Esto implica no hacer las cosas a ojo, sino con apoyo de instrumentos de medición. Veamos por ejemplo, para planear el ciclo de cultivo se utiliza el calendario; para definir la superficie del invernadero y para las distancias de siembra se mide en metros y se utiliza el fluxómetro; para aplicar el riego se mide en litro por planta y se usa el tensiómetro; el aporte de nutrientes se mide gramos, kilogramo y mililitros y se usa la báscula de precisión y la probeta; para la temperatura, el grado centígrado y se mide con el termómetro; la humedad relativa se mide en porcentaje y se usa el higrómetro, la intensidad de luz se mide en joules por centímetro cuadrado por segundo y se usa el fotómetro.

Pero también agricultura de precisión implica realizar las actividades en el momento oportuno. Una planta de jitomate crece en promedio de 16 a 24 centímetros por semana, y ello obliga al productor a realizar las actividades de una manera puntual. Fertilización diaria a partir de la segunda semana de trasplante; tutoreo cada semana, quitado de hojas y brotes y polinización diaria;

La ubicación del invernadero

El éxito de un invernadero requiere de un proceso de planeación, una vez que el productor ha tomado la decisión de establecer un invernadero, debe tomar en cuenta los siguientes factores:

a. **Servicios básicos de agua y luz.**

    El agua y la luz son dos servicios indispensables. Para el caso del agua, se debe tomar en cuenta la fuente de abastecimiento, para saber la cantidad y la calidad. Estimar si el volumen de agua es suficiente para la superficie del y para cubrir las necesidades del cultivo. Por ejemplo, para un invernadero de 1,700 m², con una capacidad de 4,250 plantas, se requiere de una disponibilidad de 10,625 litros diarios (2.5 litros/planta). En un ciclo de mayo a noviembre, si calculamos el periodo más crítico de agosto a diciembre (floración y fructificación), tendremos un gasto de agua mensual de 318,750 litros. Tan sólo en cuatro meses necesitaremos un total de 1,275, 000 litros que equivalen a 1,275 m³.

    De igual manera, la luz eléctrica es de la misma importancia que el agua, producir en invernadero es sinónimo de fábrica agrícola. La luz se requiere para la bomba de riego, pero también pensando en un espacio de empaque para el futuro.

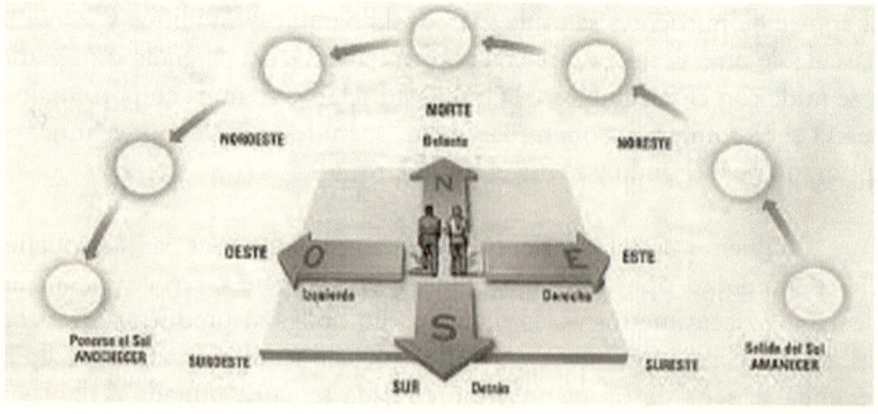

b. **La ubicación del invernadero.** Evitar establecer en zonas bajas, porque son más frías y hay mayor probabilidad de heladas, así como mayor susceptibilidad a inundaciones en caso de fuertes lluvias. Ubicar el invernadero en áreas con buena ventilación y radiación solar, así como terrenos planos para bajar costos.

c. **Orientación.** El establecimiento del invernadero debe buscar la orientación norte sur, para aprovechar la radiación solar. En esta misma dirección se orientan los surcos, con la finalidad de aprovechar la máxima luz del día. Con respecto al viento, buscar siempre que la parte más angosta quede en dirección de estos, para reducir el impacto de la fuerza.

d. **Acceso a mercados.** El productor debe responder algunas preguntas: ¿Qué voy a producir? ¿Cuándo se va a producir? Y ¿Qué cantidad se va a producir? Sobre todo, tomar en cuenta que el mercado demanda calidad, volumen y permanencia.

e. **Mano de obra.** Un invernadero demanda una fuerte cantidad de mano de obra durante el ciclo de cultivo. Para un espacio de 1,500 m² se necesitan 2.25 personas durante el ciclo de cultivo.

f. **Acceso.** El lugar donde se decida construir el invernadero debe permitir la entrada de transporte para materiales, herramientas e insumos, pero también permita vender la cosecha. Sin limitaciones provocadas por ríos o cañadas.

g. **Características climáticas.** Se debe tener en cuenta las temperaturas máximas en tiempos de calor (marzo, abril, mayo, junio) y mínimas en tiempo de frío (septiembre, octubre, noviembre y diciembre); la intensidad de la radiación solar, así como la dirección y la velocidad del viento.

h. **Capital de inversión.** Se necesita una inversión de $ 80.00 por m² durante el primer ciclo de cultivo para la compra de plántula,

Foto: Archivo OPIC, A. C.

fertilizante, agroquímicos y materiales como rafia, ganchos, aspersora y herramientas.

i. **Calidad del suelo.** Aprovechar los primeros 30- 40 centímetros de profundidad de suelo, que tiene buena fertilidad.

Diseño del invernadero

Para tomar la decisión sobre el diseño de invernadero, es necesario responder: ¿Qué características debe tener el invernadero? ¿De qué tamaño? Y ¿Cuál es el nivel de tecnología? El tipo de invernadero está en función de: a) las exigencias climáticas del cultivo a establecer, b) las condiciones climáticas de la zona, c) las condiciones del mercado y, d) el presupuesto de inversión.

El invernadero, debe tener ventilación frontal, lateral y cenital. El área de ventilación debe cubrir del 15 al 30 % del total del espacio cubierto. Una resistencia a la carga de 30 a 35 kilos m². Altura a la canal de 4.0 metros, tutoreo una altura de 2.5 metros y 5 a 7 a la cumbrera. Entre más alto mejor, ciertamente es más difícil calentar un mayor volumen de aire, pero también es cierto que el enfriamiento es más lento. Invernaderos más bajos, calientan más rápido pero de igual manera, se enfrían más rápido en el periodo de otoño-invierno.

Con respecto a la elección de la cubierta plástica es una decisión clave, no olvidemos que el objetivo central de un invernadero es obligar al cultivo hacer fotosíntesis. Para ello, es necesario tomar en cuenta algunas características: un espesor de 720 y 800 galgas (180 y 200 micras respectivamente); transmisión y difusión de un 80 a 90 % de luz. Sobre todo tomar en cuenta que en climas fríos hay una menor difusión de la luz debido a una alta nubosidad y lo que se busca es una distribución uniforme de la luz al interior del invernadero.

El riego es un sistema adicional, se debe garantizar un silo con una capacidad de almacenamiento de 100,000 litros que cubre la necesidad para 7 días. Además del cabezal de riego y cintilla de goteo.

También se debe tomar en cuenta la calefacción para el tiempo de otoño-invierno, porque coincide con la etapa de fructificación y a veces con buenos precios del jitomate. Esto permitirá mantener una temperatura mínima de 7°C, que no resulta perjudicial para el cultivo.

Foto: Archivo OPIC, A. C.

En cuanto al tamaño, el invernadero es un proyecto de economía de escala, es decir, en la medida que crece es más rentable porque los costos de producción disminuyen. Para pequeños agricultores empezar con 1,000 m² y tener un plan de crecimiento en la medida de lo posible hasta 4,000 o 5,000 m². Aquí lo importante es tener dos o tres módulos para diversificar la producción y un manejo eficiente.

Pero también es importante tomar en cuenta el equipo de medición, entre los principales instrumentos que debe tener el productor: termómetro de máximas y mínimas, higrómetro, potenciómetro o medidor de pH, conductímetro, probetas, básculas de precisión, tensiómetro.

Lo importante es diseñar un proyecto estratégico que considere algunas áreas: empaque, caseta de riego, bodegas o almacén, red de suministro de agua y luz, comedor, baños y vestidores.

Manejo del clima en invernadero

Los principales componentes del clima son: la temperatura, humedad relativa y la luminosidad

Estrategias para aumentar la temperatura

La temperatura indica la cantidad de calor en el ambiente controlado, generalmente se define como frío cuando la temperatura es baja y caliente cuando la temperatura está alta. Se mide en grados Celsius (°C). Influye directamente en el proceso de fotosíntesis, mantener el cultivo a una temperatura óptima aumenta la productividad y la calidad de los fruto y reduce riesgos de plagas.

Una helada se presenta cuando la temperatura del aire desciende por debajo de 0° C y causa muerte al cultivo. Casi siempre las heladas se presentan en días despejados y durante la madrugada, cuando la mayor cantidad de calor se pierde por radiación. Habrá más posibilidades de que se presente una helada cuando el inicio de la noche ha comenzado a temperaturas de10 ° C.

El municipio de Amealco, es un territorio susceptible de heladas, se corre el riesgo de heladas tempranas desde finales del mes de septiembre y heladas tardías hasta el mes de febrero. El problema es que estas heladas coinciden con las etapas de floración y fructificación del cultivo de jitomate.

Una helada puede presentarse si existen las siguientes condiciones:

I. La presencia de vientos fríos o masas de aire polar, provenientes del norte.

II. Pérdida de calor constante del suelo, cuando hay días fríos y noches despejadas y secas (baja humedad relativa).

III. Puede ocurrir que en el espacio protegido esté más frío que en el exterior, debido a la falta de ventilación (movimiento del aire).

Estrategias de control de las heladas

El sistema de calefacción es una necesidad, no obstante, antes de tomar la decisión sobre qué equipo instalar se debe tomar en consideración lo siguiente:

a. Programar el calentador para que se active una vez que la temperatura ha bajado entre 7 a 10° C.

b. Volumen de aire a calentar, es decir conocer perfectamente las dimensiones del invernadero.

c. Capacidad de generación de calor de los equipos en B.T.U. (unidad térmica británica), y temperatura a la que se quiere llegar en el calentamiento.

d. Fuente de energía a emplear: Gas, diesel electricidad, etc.

e. Colocar los calentadores cerca del piso, ya que se requiere el aire caliente a la altura de las plantas que va de 1.5 a 1.70 metros de altura. El aire caliente siempre tiende a subir.

1. **Instalación de equipos de calefacción:** Pueden ser de gas o diesel, que distribuyan uniformemente el aire caliente dentro el invernadero.

2. **Calentador patsari.** Se construye con tambos metálicos con capacidad de 200 litros, la materia prima de combustible es carbón, se colocan 2 calentadores por cada 500 m² y aumenta la temperatura hasta 5º C.

    Otra forma de generar calor bajo el mismo principio es construir orificios alrededor del invernadero. Consiste en introducir el aire caliente a través de tubos y mangueras para que se distribuya de manera uniforme.

Aire Caliente

Aire Frio

3. **Riego.** El paso de luz por el plástico hace calentar el suelo y acumula el calor durante la noche, por lo tanto, casi siempre está más caliente que el ambiente. Al hacer un riego ligero, se evapora el agua, aumentando la humedad relativa en el aire, formándose una barrera que impide la pérdida de calor del suelo.

4. **Apertura y cierre de ventanas**. La lógica nos dice que hay que abrir las cortinas durante el día y cerrarlas al atardecer para acumular el calor por la noche. Los días nublados son menos fríos, ya que las nubes forman una barrera y el calor irradiado por la tierra se regresa.

Cultivo	To mínima letal	To mínima biológica	To óptima	To máxima biológica	To máxima letal
Jitomate	0-2	10-12	13-16	21-27	33-38
Pepino	-1	10-12	18-18	20-25	31-35
Melón	0-1	13-15	18-21	25-30	33-37

Control de la humedad relativa

La humedad relativa es la cantidad de vapor de agua que contiene el aire. Se mide en por ciento (%), que es la cantidad de vapor de agua en $1m^3$ de aire. Existe una relación inversa entre la humedad relativa y la temperatura, es decir, a temperaturas elevadas, disminuye la humedad relativa y por el contrario, a bajas temperaturas aumenta la humedad relativa en el ambiente protegido.

En el periodo frío (septiembre a febrero), casi siempre se formarán gotas de agua en el techo y paredes del plástico. Esto se le llama condensación del vapor de agua debido a temperaturas bajas y alta humedad relativa que llega hasta un 90 o 100 %. Entre las estrategias para bajar la humedad relativa:

1. Colocar acolchado plástico en las camas de cultivo para evitar la evaporación de la humedad del suelo.

2. Colocar plástico cielo a la altura del tutoreo para evitar la caída de la gota de agua al cultivo.

3. Mayor ventilación. Facilitar el movimiento del aire para que haya una mayor evaporación del vapor de agua. Abrir las ventanas.

Y para aumentar la humedad relativa en tiempos de calor (marzo a agosto), se requiere hacer lo siguiente:

1. Sombreo del plástico. La aplicación de blanco de España ayuda a disminuir la temperatura y aumentar la humedad relativa.

2. Cerrar las cortinas por la parte de donde llegan los vientos y mantener abiertas las otras cortinas del lado posterior del invernadero.

Control de la luminosidad

El aprovechamiento de la radiación solar es un factor clave en la producción bajo condiciones protegidas y controladas, un invernadero debe ser funcional para captar de manera eficiente la luminosidad. En tiempos de calor, el exceso de luz solar aumenta la temperatura, baja la humedad relativa e intensifica el proceso de transpiración; mientras que en periodos de frío y alta presencia de nubes, hay poca luminosidad, bajas temperaturas y alta humedad relativa, disminuye el proceso de fotosíntesis y traspiración del cultivo.

Estrategias para aumentar la luminosidad

1. La orientación norte- sur del invernadero para que el cultivo reciba mayor uniformidad y cantidad de luz.

2. Lavar con frecuencia las paredes y techo que impidan la acumulación de polvos. La capa de polvo que se forma en el plástico reduce la radiación solar hasta en un 12 al 16 %. Por cada 1% de reducción de luz se estima la pérdida de producción del .5 al 3.1 %.

Estrategias para bajar la luminosidad

1. Aplicar blanco de españa a la cubierta plática y paredes, y hacerlo permite reducir la radiación solar hasta en un 30 % en

comparación a un plástico no blanqueado y la temperatura entre 3 y 5 grados centígrados. La cantidad de blanco de españa (carbonato de calcio) es de 5 kilogramos por cada 20 litros de agua. Para asegurar que el producto se adhiera al plástico, agregar sellador en dosis de 2 litros en 20 de agua. Para una superficie de 1,700 m2 se necesitan 204 litros de agua, 51 kilos de blanco de españa y 20 litros de sellador.

TERCERA SECCIÓN

Planificación del cultivo

Conociendo las partes del cultivo

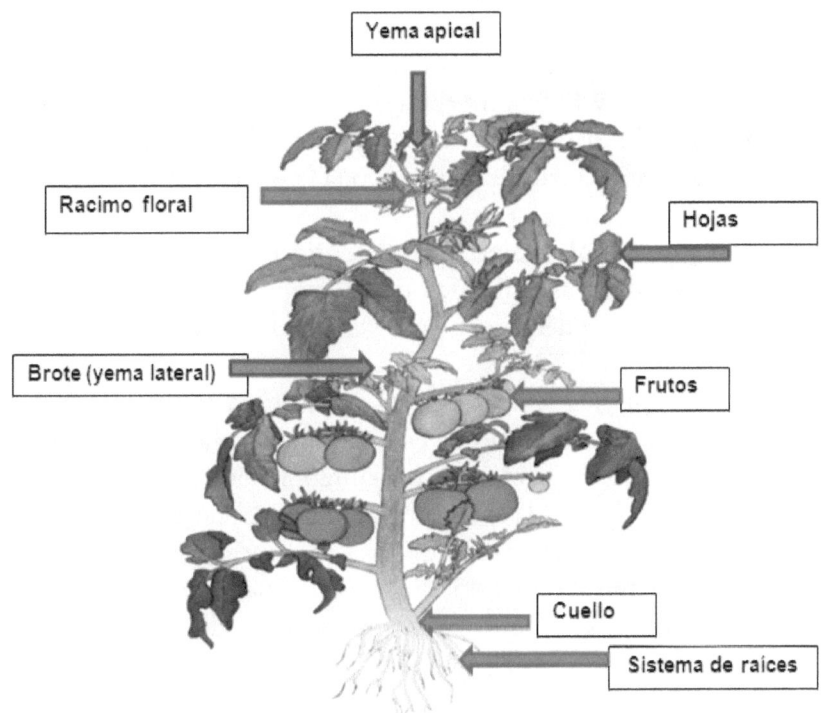

La planta de jitomate es una planta anual con dos hábitos de crecimiento: indeterminado y determinado. El primero tiene un crecimiento vegetativo permanente una vez que se trasplanta al lugar definitivo, es de crecimiento rastrero y el tallo llega a crecer de 8 hasta 10 metros de largo, tiene secciones uniformes de tres hojas (yema lateral) y un racimo floral, pero siempre termina con el ápice vegetativo, por lo que necesita conducir su manejo. La planta de ciclo determinado es un arbusto con varios tallos que terminan en una inflorescencia, lo que limita el crecimiento. No necesita conducir su manejo.

Raíz. Tiene una raíz principal, raíces secundarias y pelos absorbentes que se localizan a 30 cm. de profundidad del suelo. Del tallo también pueden emerger raíces adventicias. Las funciones de la raíz son: anclaje de la planta al suelo, absorción de agua y nutrientes para su transporte al resto de la planta. Entre la unión de la raíz y el tallo se encuentra el cuello, en el momento del trasplante esta parte debe coincidir con el nivel del suelo.

Tallo. El tallo principal es semileñoso, con un grosor de 9 a 12 mm de diámetro. Está formado por nudos, que se presentan como abultamientos y emergen aproximadamente a cada 10-13 cm. En estos puntos se desarrollan las hojas y brotes o yemas laterales. La función principal del tallo es sostener las hojas, flores y frutos, pero también conducir el agua y nutrientes, así como la savia elaborada a toda la planta.

Yema lateral y terminal. Las primeras dan origen a brotes o tallos a partir de las axilas de las hojas, mientras que la segunda o también llamada apical, es la responsable del crecimiento vertical de la planta.

Hojas. Son compuestas y están formadas de 7 a 9 hojitas pequeñas o foliolos. Se adhieren al tallo por el peciolo; el limbo es la parte plana y la parte superior se le llama haz y la inferior envés, con una serie de nervaduras por donde circula el agua y el alimento elaborado. Emergen del tallo de forma alterna y por cada tres hojas se desarrolla un racimo floral. Deben tener un largo de 30 a 45 cm. Su principal función es realizar la fotosíntesis o elaboración de los alimentos a partir del agua, nutrientes, bióxido de carbono y luz solar, que se traduce en rendimiento o cosecha del cultivo. Además en la parte inferior se ubican unos pequeños orificios llamados estomas, cuya función principal es el proceso de traspiración de la planta.

Flores. Es el órgano reproductor de la planta. Son perfectas. Se agrupan en racimos y cada uno de ellos da origen entre 12 y 15 flores. Las partes de la flor son: el cáliz, que son las hojitas verdes externas que envuelven a la flor; la corola que son los pétalos de color amarillo; los estambres, que son unos pequeños filamentos que nacen del centro de la flor y contienen el polen (polvo amarillo) que forma el órgano masculino; el pistilo, que guarda el ovario y es el órgano femenino. Las yemas se disponen de manera lateral a lo largo del tallo principal.

Fruto. Producto de la fecundación del grano de polen al ovario. El fruto es el ovario maduro en forma de baya. Adquiere un color rojo, amarillo o naranja al alcanzar su madurez, según la variedad.

Requerimientos del cultivo

Agricultor entusiasta. La actividad agrícola es una empresa humana que requiere de una actitud emprendedora y entusiasta. Cumpliendo estos requisitos el productor estará en condiciones de darle al cultivo todas las atenciones necesarias para su buen desarrollo.

El suelo. El suelo provee a la planta las condiciones favorables para su desarrollo, agua suficiente, aprovechamiento de nutrientes, aireación y anclaje. Un buen suelo debe tener las siguientes partes: 45 % de material mineral, 25 % de agua, 25 % de aire y 5 % de materia orgánica. Un tipo de suelo con textura franca, franco arcilloso o franco arenoso, ofrece estas condiciones de fertilidad, drenaje y aireación.

En la práctica es imposible encontrar un suelo ideal, casi siempre son muy arcillosos o muy arenosos y pobres en materia orgánica. El productor debe buscar crear las condiciones de suelo antes señalada a partir de usar materiales locales.

Radiación solar. La planta tiene una respuesta neutra al fotoperiodo, es decir, no le afectan los días cortos o largos de luminosidad; sin embargo, días entre 8 a 16 horas luz le favorecen. Esto significa que entre los meses de octubre a febrero disminuye su crecimiento y desarrollo, reduce el crecimiento de la planta, dificulta la floración, fecundación y viabilidad del polen, así como retraso en la maduración del fruto. Ejemplo, en días normales de luminosidad la maduración o cosecha es un racimo cada semana y en días nublados y fríos hasta semana y media (10 a 12 días).

El clima. El cultivo de jitomate requiere de una temperatura promedio mensual entre 16° y 27°C. Temperaturas más altas o más bajas de estos rangos, la planta tiene problemas para su desarrollo y disminuye la producción. Siendo una temperatura óptima de 18° a 25°C. Durante el día requiere de 28 a 30 °C; y la noche de 15 a 18 °C.

El desarrollo vegetativo se detiene con temperaturas inferiores a 10°C. Mientras que a temperaturas superiores a 35°C, en combinación con una humedad relativa baja, las plantas sufren estrés por deshidratación; temperaturas y humedad relativa alta, dificulta la fecundación y ocurre aborto de flores.

Con temperaturas de 0°C a menos 2 °C durante un tiempo de dos horas, la planta se congela por helada y no hay recuperación. Durante la etapa de floración, las temperaturas mínimas no deben ser menores de 12°C y las máximas no rebasar los 25°C; si se exceden de estas temperaturas, no hay fecundación y el amarre de frutos es mínimo.

En la etapa de maduración del fruto, si la temperatura disminuye hasta 10°C, los frutos se tornan de un color amarillo- naranja (no toman color rojo). Esto ocurre principalmente en invierno; mientras que en verano, con temperatura superior a 30°C, el fruto madura en un color amarillo.

También la temperatura del suelo influye en el desarrollo del cultivo, necesita una óptima de 20° y 25 °C; no obstante, tolera una mínima de 12°C y una máxima de 34°C.

Humedad relativa. Una humedad del 50 al 60 %. Humedad arriba del 80 %, las plantas reducen la transpiración y disminuyen su crecimiento, hay aborto floral por apelmazamiento del polen; pero además, existe la posibilidad de proliferación de hongos que causan enfermedades (botritis, cladosporium) y bacterias, además del rayado de frutos y apelmazamiento del polen.

Por el contrario, una humedad por debajo del 45 % la planta acelera su proceso de transpiración que puede causar estrés hídrico, la fotosíntesis disminuye. Esto provoca pudrición basal del fruto (falta de calcio), deforme y pequeño. Existen fallos en la polinización porque el polen no se fija en el estigma. .

Variedades comerciales

Entre las principales variedades recomendadas y que han dado buenos resultados entre los productores son las siguientes:

a. **Cid F1**. Ciclo precoz, planta de buen vigor, fruto ovalado y de buen tamaño y amplia vida de anaquel.

b. **Rafaello**. Buen vigor de planta, frutos de tamaño grande, de forma oval-alargado. De buena calidad y consistencia.

c. **Cimabue.** Resistencia a enfermedades virosas principalmente. Buena calidad de frutos.

d. **Sun 7705.** Tolerancia al agrietamiento del fruto y resistencia a enfermedades.

e. **Aníbal.** Resistencia a hongos, algunos nematodos y virus de mosaico del tomate.

Etapas de crecimiento del cultivo

1-30 días	30-35 días	28-35 días DDT	55-60 días DDT	85-90 días DDT
Germinación semillero	Trasplante de la plántula	Inicio de floración	Crecimiento y llenado del fruto	Madurez y cosecha
FASE VEGETATIVA		FASE REPRODUCTIVA		

Calendario de cultivo

1. Planeación de la producción	2. Producción de plántula	3. Preparación del terreno	4. Trasplante

8. Cosecha y pos cosecha	7. MIP	6. Riego y nutrición	5. Prácticas culturales

ESTADO	D	E	F	M	A	M	J	J	A	S	O	N
SINALOA	■	■	■	■	■	■						
SONORA						■	■	■	■			
BC								■	■	■	■	
SLP								■	■	■		
ZACATECAS								■	■	■		
CHIHUAHUA								■	■	■	■	
MICHOACÁN									■	■	■	■
JALISCO		■	■									
MORELOS								■	■	■	■	
GUANAJUATO						■	■	■	■	■		
IMPORTACIÓN DE USA*								■	■	■	■	■

El ciclo de producción de jitomate en invernadero comprende desde el momento del trasplante en las camas de cultivo hasta la cosecha del último racimo. Desde el trasplante hasta el inicio de cosecha transcurren entre 75 y 90 días. Se realiza la cosecha cada semana y el periodo va en función del número total de racimos que es 8 a 16.

Una clave de éxito en la producción de jitomate es la planeación de la producción. El productor tendrá que ofertar su producto en los meses de mejores precios, pero debe tomar en cuenta que el principal productor de jitomate es Sinaloa y este sale al mercado entre los meses de diciembre a mayo, no es casualidad que en este tiempo el precio del jitomate está por los suelos y tiene baja rentabilidad. Los estados de Guanajuato, San Luis

Potosí producen en los meses de junio a julio. Y Michoacán de octubre a diciembre.

Con base en lo anterior, para el estado de Querétaro existe una ventana con posibilidades de buenos precios, el trasplante en mayo para empezar a cosechar entre los meses de agosto a diciembre.

Otro aspecto a tomar en cuenta en la planeación, es que debido a los costos altos de inversión del invernadero, no puede estar vacío o sin cultivo por varios meses. Por ejemplo, planear un ciclo corto de jitomate para cosechar de 4 a 6 racimos, de febrero a mayo y plantar un ciclo semilargo en el mes de junio. Existe otra modalidad de dos ciclos cortos al año de 8 racimos cada uno, el primero va de febrero de julio y el segundo de julio noviembre. Entre las ventajas que ofrece un ciclo corto son: reducir costos de producción, mejor calidad de la cosecha, mayor vigor de la planta y menor riesgo de ataque de plagas y enfermedades.

Planeación de un ciclo de producción semi largo (con 16 racimos)

Ciclo	Actividad	E	F	M	A	M	J	J	A	S	O	N	D
Semi largo	Preparación del invernadero			■	■								
	Maquila de plántula			■	■								
	Preparación de camas			■	■								
	Trasplante					■							
	Drench preventivo al suelo					■							
	Colocación de ganchos para tutoreo					■							
	Inicio de fertilización diaria					■	■	■	■	■	■	■	
	Inicio de tutoreo semanal					■	■	■	■	■	■	■	
	Monitoreo de plagas y enfermedades					■	■	■	■	■	■	■	
	Aplicación de productos preventivos						■	■	■	■	■	■	
	Control de hierbas						■	■	■	■	■	■	
	Poda de chupones semanal					■	■	■	■	■	■	■	
	Inicio polinización diaria					■	■	■	■	■	■	■	
	Poda de hojas					■	■	■	■	■	■	■	
	Cosecha semanal							■	■	■	■	■	
	Bajada de planta cada 15 días								■	■	■	■	
	Despunte de la planta									■	■	■	
	Fin de cosecha											■	

Planeación de dos ciclos cortos (8 racimos cada uno para un total de 16)

Primer ciclo	Actividad	D	E	F	M	A	M	J	J	A	S	O	N
	Preparación del invernadero	█											
	Maquila de plántula	█											
	Preparación de camas	█											
	Trasplante			█									
	Drench preventivo al suelo			█									
	Colocación de ganchos para tutoreo				█	█	█	█	█	█	█		
	Inicio de fertilización				█	█	█	█	█	█	█		
	Inicio de tutoreo				█	█	█	█	█	█	█		
	Monitoreo de plagas y enfermedades				█	█	█	█	█	█	█		
	Aplicación de productos preventivos				█	█	█	█	█	█	█		
	Control de hierbas				█	█	█	█	█	█	█		
	Poda de chupones				█	█	█	█	█	█	█		
	Inicio polinización						█						
	Poda de hojas							█					
	Cosecha semanal								█				
	Despunte de la planta									█			
	Fin de cosecha									█			

Segundo ciclo	Actividad	D	E	F	M	A	M	J	J	A	S	O	N
	Preparación del invernadero												
	Maquila de plántula							█					
	Preparación de camas									█			
	Trasplante									█			
	Drench preventivo al suelo									█			
	Colocación de ganchos para tutoreo									█	█	█	█
	Inicio de fertilización diaria									█	█	█	█
	Inicio de tutoreo semanal									█	█	█	█
	Monitoreo de plagas y enfermedades									█	█	█	█
	Aplicación de productos preventivos									█	█	█	█
	Control de hierbas									█	█	█	█
	Poda de chupones semanal									█	█	█	█
	Inicio polinización										█		
	Poda de hojas										█		
	Cosecha semanal										█	█	█
	Despunte de la planta											█	
	Fin de cosecha												█

CUARTA SECCIÓN

Trasplante y cuidado del cultivo

La preparación del suelo

Esta actividad es una clave de éxito que consiste en mejorar la calidad del suelo a través del enriquecimiento con aporte de materia orgánica y mejoramiento de la textura. De esta manera, se mejoran las condiciones físicas como: la suavidad, porosidad, permeabilidad, drenaje y fertilidad para el buen desarrollo de las raíces. El 90 % de los nutrientes entra por la raíz. El suelo es la base de la sustentabilidad productiva, sirve de anclaje de la planta, las raíces extraen el nutriente y toman el agua y aire necesario para crecer, desarrollar y producir.

Suelo fértil	Suelo pobre
Profundo	Delgado
Color oscuro	Rojizo o claro
Suave y húmedo	Duro y seco
Se desmorona fácilmente	Compacto
Presencia de vida	Poca presencia de vida
PH neutro	PH ácido
Presencia de nutrientes	Pocos nutrientes disponibles
Buen drenaje	Mal drenaje
Buena cosecha	Cosecha baja

Los pasos en la preparación de camas de cultivo

1. **Nivelación del terreno.** El terreno parejo facilita el riego, la fertilización, un clima homogéneo y mayor eficiencia en la desinfección del suelo.

2. **Paso de subsuelo.** Terrenos compactos se puede hacer cruzado a una profundidad de 50 a 60 cm para aflojar el terreno y haya una buena aireación, drenaje y penetración de las raíces del cultivo.

3. **Paso de arado**. Consiste en voltear una capa del suelo de entre 30 y 40 cm con el fin de aflojar y remover la tierra para favorecer buena ventilación y facilitar la preparación de las camas.

4. **Paso de rastra**. Esta práctica desmorona los terrones que ha dejado el arado. Se hace para facilitar la hechura de camas.

5. **Trazo y preparación de la cama**. La cama es el espacio final donde se sembrará el cultivo. La altura de la cama varía de 25 a 30cm. Y con un ancho de 50-60 en la parte superior. Se deja una distancia de 1.60 y 1.8 de centro a centro.

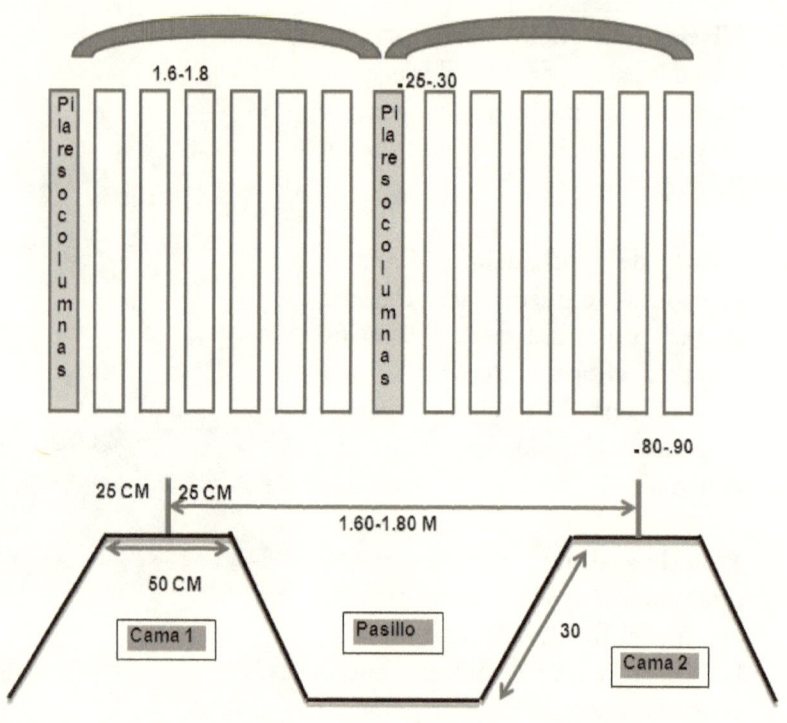

Mejoramiento de la textura del suelo

Textura es la proporción de las partículas sólidas del suelo: a) arena de diámetro de 2.0 a 0. 005 mm; b) limo de 0.05 a 0.002 mm y c) arcillas de menos de 0.002 mm.

Suelo arenoso	Suelo arcilloso	Suelo franco
Partículas gruesas	Partículas pequeñas	Partículas de tamaño variado
Ásperos y sueltos	Pegajosos y plásticos	Suelos resbalosos, pegajosos y ásperos
No se humedecen fácilmente	Húmedos. Se asemejan a la plastilina	Al humedecerse forman figuras, pero se rompen fácilmente.
Retienen poca cantidad de agua, debido a sus poros grandes.	Retienen gran cantidad de agua, debido a sus poros pequeños.	Buena capacidad de retención de agua
Tienen buen drenaje	No tienen buen drenaje	Tienen buen drenaje
Son fáciles de trabajar	Son difíciles de trabajar	Aptos para la agricultura

Cálculo de materiales
1. Volumen de material= largo de camas x ancho x altura.
2. Veamos por ejemplo: 42 m x .60 m x .30 m= **7.56 m³ (por cama)**
3. 7.56 m³ x 24 camas= **181 m³.**
4. 181 m³ / 7 m³= **26 viajes**
5. Si queremos preparar un suelo franco: 30 % de arena, 30 % de limo, 30 % de arcilla y 10 % de materia orgánica.

1. 26---- 100% X-------- 30 % **X= 8 viajes de arena**	3. 26------100% x-------10% **X= 3 viajes** **aproximado de 2 viajes**
2. 26------100 % X-------- 60 % **X= 16 viajes de tierra fina**	3 x 7m³= 21 m³ 21,000 lt x .700 gr.= **14,700 Kg.** **de materia orgánica**

6. La desinfección de camas. La desinfección del suelo reduce el daño de patógenos como insectos, hongos, bacterias, nematodos y hierbas.

Existen dos métodos:

a. **La solarización**

b. **Químico**

La *solarización* consiste en cubrir las camas con un plástico de polietileno transparente durante un periodo de tiempo comprendido entre 4 y 7 semanas (30-50 días). La temperatura y humedad alta en combinación son las responsables de la efectividad desinfectante.

Este método permite alcanzar temperaturas de hasta 80°C a una profundidad de 10 cm y 50°C a 20 cm, lo que destruirá todos los parásitos existentes en el suelo.

Este método es efectivo en los meses más cálidos (marzo, abril, mayo y junio).

El método *químico* consiste en la aplicación de los siguientes productos:

Durante el primer ciclo de cultivo se aplican los siguientes productos.

☐ Furadán 350 CE para el control de insectos y nematodos. La dosis es de 5 litros por hectárea aplicado en el riego (850 ml/ 1700 m²).

☐ Busan 30 W para el control de hongos a razón de 4 litros por hectárea. También se aplica en el riego (680 ml/1700m²).

☐ Después del segundo y tercer ciclo se aplica *metam-sodio* es un líquido de acción contra hongos, insectos y en cierta medida herbicida. Se aplica en dosis de 1000 y 2000 l/ha; es decir, de 170 a 200 litros para una superficie de 1700 m², en el riego.

7. **Aporte de materia orgánica.** Aplicar de 2 a 5 kilos/m², sobre la cama en una capa de 10 cm de grosor.

8. **Análisis de laboratorio**. El análisis del suelo es una herramienta básica que define con precisión un programa de fertilización. Se tomará una muestra homogénea de 1 kilo de suelo. Los resultados indicarán: los nutrientes presentes (N, P, K, Ca, Mg, Fe), textura, grado de acidez, conductividad eléctrica, cantidad de materia orgánica.

9. **Riego pretrasplante.** Dos o tres días antes del trasplante, se aplica un promedio de 20 litros de agua por metro cuadrado de suelo, con el fin de humedecer las camas y bajar la conductividad eléctrica.

10. **Inoculación de camas.** Entre los principales productos a usar son el microsoil, serenade en dosis de 850 ml. para 1,000 metros cuadrados. La aplicación de la inoculación se hace una vez pasado el tiempo de seguridad del metam sodio y previo al trasplante.

Fotos: Archivo OPIC, A. C.

11. Colocación de acolchado. Consiste en colocar un plástico sobre la cama de cultivo. Entre las ventajas que ofrece son: control de hierbas, ahorro de agua, mejora la fertilidad del suelo y la asimilación de nutrientes. Durante su colocación se perfora según el marco de plantación. Tiene el inconveniente de que si no se nivelan bien las camas, es difícil de controlar el riego.

Recomendaciones para asegurar un buen control.

o Dar un riego pesado 5 a 6 días antes y en el siguiente inyectar el producto. No saturar el suelo de humedad.

o Una vez aplicado el producto, se debe seguir regando para lograr se incorpore hacia la profundidad. Además de que el riego lava la tubería y cinta de riego.

o Sellar el área fumigada por varios días. Tiene un plazo de seguridad de 20 - 30 días, aunque a partir de 15 días puede empezar a labrarse el suelo para ser aireado.

o Antes de establecer el cultivo, ventilar el suelo para evitar daños a las plantas, por la residualidad del producto.

o Para verificar que no quedan residuos tóxicos, se hace una prueba sembrando lechugas, estas se quemarán; o bien tomar una muestra de suelo una vez pasado el tiempo de seguridad, colocarlo en un frasco de vidrio transparente y colocar semillas de lechuga. Si el producto está activo, las semillas no germinan.

Densidad y arreglo de siembra

La densidad es el número de plantas que se van a sembrar en una superficie de invernadero. Sembrando 2.5 plantas/m² es suficiente para proporcionar a las plantas el espacio adecuado para su buen desarrollo. Inclusive en zonas altas y en el periodo de invierno se pueden plantar hasta 2.3 plantas/m². En caso de que el productor decida hacer 2 ciclos cortos puede plantar hasta 3 plantas/m².

El arreglo de las plantas en la cama es a doble hilera y puede ser en cuadro o triángulo. Veamos un ejemplo, si tomamos en cuenta una población de 4,250 plantas para un invernadero de 1,700 m², con distancias de 45 metros de largo por 38 de ancho.

> Paso 1: Calcular el número de camas: 38/1.6 = 24 surcos
> Paso 2: Número de plantas por cama: 4,250/24= 177 plantas
> Paso 3: Número de plantas por hilera: 177/2= 89 plantas
> Distancia entre plantas: 42/89 (42 metros efectivos de largo)= 47 cm entre plantas.

El trasplante

El trasplante es la siembra del cultivo al lugar definitivo. Se realiza entre los 28 y 30 días después de la siembra en semillero. Entre los indicadores de la calidad de la plántula, debe reunir 4 hojas verdaderas, altura de 10 a 12 centímetros; las raíces deben estar bien desarrolladas, delgadas, de color blanco y deben cubrir todo el cepellón.

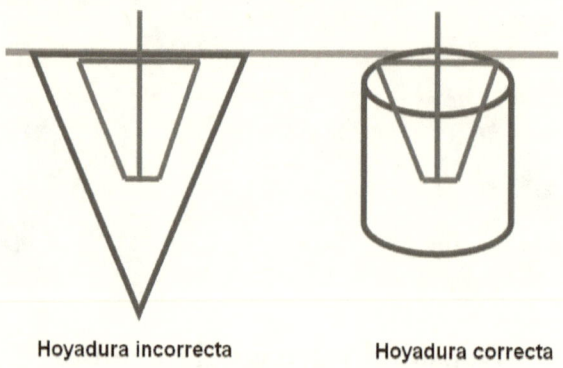

Hoyadura incorrecta   Hoyadura correcta

Los pasos en el trasplante son:

a. **Riego pesado.** Para humedecer las camas y lavar las sales (conductividad eléctrica. El riego se hace 2 o tres días antes del trasplante.

b. **Abrir la hoyadura**. Los hoyos se abren de preferencia con un palo de escoba a una profundidad de 5 centímetros, se debe cuidar que al momento de colocar la planta haya un buen contacto entre el suelo y el cepellón de la plántula, evitando dejar bolsas de aire en la zona de la raíz de la planta.

c. **Apretado de la plántula.** Se recomienda hacer el trasplante ya sea por la tarde o por la mañana para evitar estrés de la plántula. Una vez colocada la plántula en el hoyo, se aprieta con los tres dedos de cada mano, haciendo presión hacia el centro y hacia abajo.

d. **Riego de asiento**. Se hace inmediatamente para asegurar un buen contacto entre la humedad del suelo y el cepellón.

e. **Drench preventivo**. A los dos días del trasplante, se aplica una mezcla de confidor, enraizador y previcur a una dosis de 1 ml/litro de agua para prevenir control de mosquita blanca, garantizar un buen enraizamiento de la planta y proteger contra hongos de raíz. Se usan 50 ml por cada planta de la mezcla.

Control de hierbas

Las hierbas compiten por luz, agua y nutrientes, con el cultivo. El deshierbe se realiza de forma manual arrancando las hierbas cuando alcanzan una altura de 5 centímetros para evitar que alcancen a producir semilla y se propagen.

También se deben arrancar las hierbas en los pasillos y rincones del invernadero con el fin de eliminar focos de contagio de plagas y enfermedades. De igual manera, hacerlo alrededor del invernadero.

Tutoreo del cultivo

Tutoreo con clip   **Fotos: Archivo OPIC, A. C.**   Tutoreo con amarre

El cultivo de jitomate de crecimiento indeterminado crece de 16 a 25 centímetros por semana. Y para facilitar su crecimiento vertical necesita la práctica de tutoreo. Este sistema de soporte de la planta consiste en un gancho de alambre galvanizado de un largo de 15 a 20 centímetros con los extremos en forma de "s". A este gancho se le enreda aproximadamente 10 metros de rafia de color negro. El gancho se coloca en los alambres del emparrillado que se encuentra entre 2.5 y 3 metros de altura y en la parte de abajo se sujeta a la planta de tres maneras, A) utilizando un anillo o clip de plástico, este es muy práctico y se necesitan entre 4 a 8 anillos por planta, b) amarrando en forma de hojal en la base del tallo de la planta, el amarre debe quedar holgado y c) clavando una madera en el suelo y de ahí se amarra la rafia.

La colocación de los ganchos se realiza la primera semana para ganar tiempo y a partir de la segunda semana de trasplante comienza el enredado de la rafia al cultivo, una vez que ha alcanzado una altura de 25 a 30 centímetros.

Quitado de hojas y brotes laterales

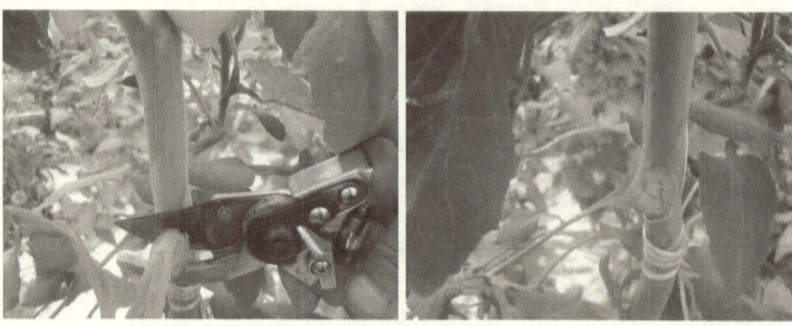

Poda de hojas   Fotos: Archivo OPIC, A. C.   Corte de hoja a ras de tallo

La poda de hojas consiste en eliminar las hojas de la planta para mantenerla en equilibrio dejando un mínimo 11 y un máximo de15 hojas. Entre otras ventajas de hacer esta práctica: mejorar la ventilación y la entrada de luz a las plantas, mejor calidad del fruto, mayor vigor de la planta y bajar la humedad relativa.

Durante los primeros 60 días después del trasplante, la planta va a tener un crecimiento vegetativo, es decir, hojas y tallos, una vez formándose los primeros dos o tres racimos, se debe empezar a eliminar aquellas hojas que se ubican por debajo del primer racimo que va madurando. Se quitan las hojas más viejas y que pegan en el suelo. Esta práctica se hace cada semana y el corte de la hoja es al ras del tallo principal para evitar entrada de patógenos (botitas).

El quitado de hojas debe hacerse por la mañana, para que las hojas se desprendan con facilidad y no se hagan desgajes, que puedan ser invadidos por patógenos. Cuando las plantas tienen hojas muy grandes y tallos muy gruesos es recomendable entresacar las hojas. El deshojado se hace cada semana, quitando entre 2 y 3 hojas.

El des brote o poda de brotes es una práctica necesaria en el cultivo, para evitar el debilitamiento de la planta y la baja en la producción. También ayuda a mejorar la calidad de los frutos. El quitado de brotes empieza a partir de la tercera semana después del trasplante.

El deshije o des brote se realiza semanalmente, quitando todos los brotes que salen de las axilas de las hojas y el momento oportuno es una vez que alcanzan un tamaño máximo de 5 centímetros. Esto facilita la rápida cicatrización de la herida, evitando el desarrollo de enfermedades.

Poda de flores y frutos (raleo)

Esta práctica consiste en eliminar del racimo flores y frutos, con la finalidad de obtener una cosecha con frutos de tamaño uniforme y buen peso. Se deben dejar en promedio de 6 a 7 frutos.

El momento oportuno para la poda de flores y frutos, es una vez que los frutos han sido cuajados y tienen un diámetro de 0.5 centímetro. Se despuntan las inflorescencias y se eliminan los frutos malformados y pequeños que llevan un retraso significativo en tamaño.

Poda de yema terminal

La poda consiste en eliminar el brote apical para detener el crecimiento de la planta. Esta práctica se realiza una vez que se ha alcanzado el número de racimos programados a cosechar. Ayuda a aumentar el tamaño del fruto en la fase final de la planta. El despunte se realiza por arriba del último racimo que se va a cosechar, procurando dejar dos o tres hojas para su protección contra la quemadura de sol.

Bajado de la planta

Consiste en bajar la planta a través de desenrollar la rafia una o dos vueltas por semana, cuando ha alcanzado una altura de 2 y 2.5 metros. Se forma

una especie de carrusel al acomodar las plantas encontradas una hilera con otra. Esta actividad facilita las labores de quitado de hoja, tallos, control de plagas y enfermedades, así como la cosecha; pero quizás lo más importante, es que ayuda a tener una mejor polinización porque a esa altura la temperatura alcanza a llegar hasta 40° C y causa aborto floral.

Fotos: Archivo OPIC, A. C.

Para evitar que al bajar la planta los racimos peguen al suelo, se colocan unos caballetes en forma de portería como apoyo, construidos con alambrón o tubo PVC, a una altura de 35 centímetros y una distancia de 50 cm una de otra.

Polinización

La polinización consiste en el transporte del grano de polen desde la antera hasta el estigma de la flor para llevar a cabo la fecundación y así favorecer la formación, cuajado y amarre de tomates. Se empieza hacer a los 30 días después del trasplante y el desarrollo del fruto entre los 45 y 60 días (floración hasta la maduración para un ciclo de 75 a 90 días).

Para que ocurra la polinización, las flores necesitan del movimiento o vibración de la planta para liberar el polen. Esta actividad se hace diariamente para garantizar buen amarre de número de frutos. El momento más apropiado del día es entre las 11 de la mañana y 2 de la tarde, buscar que la temperatura sea de 22° C para que el polen se desprenda fácilmente.

Entre las condiciones que influyen en la polinización:

- Humedad relativa de entre el 50 y 90 %.

- Suficiente luz en el invernadero

- Mantener una temperatura de entre 10 y 35 °C.

- Suministrar agua y fertilizantes de manera correcta y constante.

Estrategias de polinización

Para que el cultivo de jitomate lleve a cabo una buena polinización, se requiere de la presencia del aire y de las abejas.

Existen dos formas de llevarse a cabo la polinización: a) manual y b) abejas.

a. **Polinización manual.** Se realiza de dos maneras, la primera consiste en un golpe con una madera al emparrillado del tutoreo a lo largo de la cama de cultivo, este movimiento hace desprender el polen de la flor. La segunda y la más eficiente es el uso de una sopladora que expulsa aire y se dirige a las plantas.

b. **Polinización con abejas.** Colocar colmenas al interior del invernadero. La especie que se utiliza es *Bombus terrestres*. El abejorro visita las flores en busca de miel y al sacudir la flor, desprende el grano de polen. Una colmena está formada por 50 a 60 obreras activas, una reina fecundada y un panal con huevos. La colmena tiene una vida útil de 4 a 5 semanas. Y se recomienda una colmena para 2,000 m².

Condiciones para el manejo de colmenas

Los abejorros salen a colectar el polen a partir de los 15 °C y 32 °C. Para una mayor eficiencia en su actividad se sugieren algunas recomendaciones:

i.   Mantener las colmenas cubiertas con un techo que proteja la caja de cartón de los rayos directos del sol.

ii. Colocar las colmenas a una altura entre 60 y 120 cm para aprovechar la sombra de las plantas.

iii. Ubicar las colmenas del lado de los pasillos donde reciban menos radiación directa durante el día.

iv. La guía más importante para ellos es el pasillo central y debe estar libre de obstáculos para la entrada y salida.

Fotos: Archivo
OPIC, A. C.

QUINTA SECCIÓN

Riego y nutrición del cultivo

La fuente de abastecimiento y la calidad de agua

La calidad de agua para riego del cultivo es una condición clave para emprender el proyecto de invernadero. Un análisis de agua dirá al productor la presencia de cloruros, carbonatos y bicarbonatos, así como la conductividad eléctrica y el grado de acidez.

Una segunda condición, es calcular si el volumen de agua es suficiente. La fuente de abastecimiento, puede ser pozos concesionados por la comisión estatal de agua o bien pozos ejidales.

Diseño del sistema de riego

a. Silo o tanque de almacenamiento. Como dijimos anteriormente, se debe garantizar el suministro de agua para una semana (74,375 litros). Un silo con una capacidad de almacenamiento de 100,000 litros.

b. Bomba de agua. Para un invernadero de 1,700 m² una bomba de 2 caballos (HP) es suficiente.

c. Tres tanques con capacidad de 200 litros cada uno. Dos se utilizan para la aplicación de fertilizantes y el tercero para la aplicación de ácidos y agroquímicos. Cada uno debe contener un venturi para la succión del fertilizante.

d. Filtros. Estos pueden ser de mallas o anillas y deben colocarse antes y después del sistema de riego. Antes para eliminar cualquier residuo que viene del depósito de almacenamiento. Y después para evitar que se vayan residuos de fertilizante a las cintillas y tapen los goteros.

e. Tubería de conducción. PVC hidráulico de 2 pulgadas o de 1.5 pulgadas.

f. Cintillas. Cada cama lleva dos cintillas con una válvula de paso. El calibre es de 6000 o 8000 y goteros a distancias de 10 cm entre uno y otro para garantizar uniformidad del riego.

| Silo de almacenamiento de agua | Fotos: Archivo OPIC, A. C. | Cabezal de riego |

Necesidades de agua del cultivo de jitomate

Etapa fenológica	Número de semana/días	Volumen de agua (ml)
Trasplante	1/7 días	300
Crecimiento vegetativo	2/8-14 días	350-400
Floración	3-4/15-28 días	450-550
Fructificación	5-17/29- 119 días	550- 2500

Programa de riego en invernadero

Un principio básico es que la planta únicamente absorbe la cantidad de agua que necesita para mantenerse hidratada, esto significa que en el suelo sólo debe haber la cantidad de agua requerida por las plantas.

Para programar un plan de riego en el cultivo, es necesario calcular el volumen de agua. Veamos el siguiente ejemplo:

1. Para un invernadero de 45 metros de largo y 38 metros de ancho (1,015 m2), con 24 camas y dos líneas de cintilla de riego. En total son 48 líneas de riego. Escogemos una muestra de 4 líneas

de riego y en cada una tomaremos 3 muestras con un vaso desechable, para tener colecta de agua en 12 vasos.

2. Si consideramos las necesidades de agua en cada etapa de cultivo, tendremos: trasplante 300 ml, crecimiento vegetativo 800 ml, floración 1,200 ml y fructificación 1.8 litros de agua por día. Tenemos un total de 4,250 plantas.

3. Acomodar los vasos en las líneas de riego, asegurándose de que queden bien fijos para que no se muevan y colecten el agua.

4. Activar el sistema de riego durante 5 minutos. Estos se toman a partir de que comienza a caer las gotas en los vasos. Una vez colectadas las 12 muestras de los vasos, se mide la cantidad de agua de cada uno de ellos.

5. Analizar los datos.

	Vaso		Vaso		Vaso		Vaso
Cama 1	75 ml	Cama 2	105 ml	Cama 3	120 ml	Cama 4	80 ml
	90 ml		95 ml		100ml		95 ml
	85 ml		80 ml		90 ml		105 ml
Promedio	83.3 ml		93.3 ml		103. 3 ml		93.3 ml

6. Se suman los cuatro valores promedio y se obtiene el promedio: 373.2/4= 93.3 mililitros de riego en 5 minutos.

7. Calcular la cantidad de agua de riego por día

$$93.3 \text{ ml} \text{------------} 5 \text{ min.}$$

$$1,800 \text{ ml} \text{-------------} X$$

$$(1,800)(5)/93.3= 96.5 \text{ minutos.}$$

8. El dato anterior significa que se necesita un tiempo de 97 minutos para hacer un riego de 1.8 litros por planta, para un total de 7,650 litros al día.

9. Ejemplo de un programa de riego

Etapa de cultivo	Semana / día	Número de riego	Hora	Tiempo de duración	Cantidad de agua	Litros de agua por día
Trasplante	1 y 2 /1 al 14	3	10 A.M. 13 P.M. 16 P.M.	5 minutos cada uno	425 litros cada uno	1,275
Crecimiento vegetativo	3 y 4/15 al 27	3	10 A.M. 13 P.M. 16 P.M.	14 minutos cada uno	1,133 litros cada uno	3,400
Floración	4 al 7/28 al 49	4	10 A.M. 12 P.M. 14 P.M. 16 P.M.	16 minutos cada uno	1,275 litros cada uno	5,100
Fructificación	8 a 13/50 al 91	4	10 A.M. 12 P.M. 14 P.M. 16 P.M	24 minutos cada uno	1,912 litros cada uno	7,650

Es importante tomar en cuenta que a todas las plantas del invernadero les debe llegar la misma cantidad de agua. Un indicador visual de que el riego se está haciendo bien, el cultivo crece a una altura uniforme. Y para garantizar esta uniformidad del riego, se debe poner énfasis en los siguientes aspectos:

a. Buen diseño del sistema de riego

b. Nivelado del terreno

c. Buena presión de la bomba

d. Seccionar el riego

e. Mantenimiento del silo, líneas de riego, filtros y goteros.

Algunas herramientas para regar bien

El productor debe tomar en cuenta que no debe regar a ojo, en base a un calendario o porque toca regar el día de hoy o por la apariencia superficial del suelo. Es importante considerar algunas herramientas:

1. El uso de tensiómetros

2. El manejo de la conductividad eléctrica

3. Disponibilidad de agua en el suelo

El uso de tensiómetros

El tensiómetro mide la fuerza de succión (tensión) que ejercen las raíces de las plantas para absorber el agua del suelo. El instrumento se entierra en el suelo a una distancia de 10-15 de los goteros y a una profundidad de 20 a 30 cm., las lecturas de este aparato le indican al productor cuánto, cuándo, dónde y cómo regar. Se requieren dos tensiómetros por cada 1,000 m², miden en unidades de presión llamadas bar o centibar (Cb). Un bar equivale a 14.7 libras y un centibar es igual a 1 bar/100.

Si la lectura en el tensiómetro es alta, entonces indica que el suelo tiene poca humedad; por el contrario, si la lectura es baja indica un suelo con mucha humedad.

Lectura	Nivel de agua en el suelo
Menor de 10 Cb.	Punto de saturación
10-30 Cb.	Capacidad de campo
25-40 Cb.	Agua aprovechable por el cultivo
1500 Cb. (220 libras)	Punto de marchitez permanente

Manejo de la conductividad eléctrica (ec)

La conductividad eléctrica (ec) es la cantidad de fertilizantes disueltas en el agua de riego que alimenta a las plantas. Se mide en milimhos o milisiemens. Para el cultivo del jitomate debe ser entre 1.8 a 2.5 Milisiemens (MS).

Para saber si el productor está regando bien, se debe medir por lo menos cada semana. Checar la ec de entrada y la ec de drenaje al final del día de riego. Veamos el siguiente ejemplo:

CE entrada	CE salida	Diferencia	Forma de riego
2.5	3.0	.5	Exceso de agua
2.5	3.5	1.0	Buen riego
2.5	4.0	1.5	Deficiencia de agua

Disponibilidad de agua en el suelo

De manera visual y al tacto, un suelo bien regado no tiene que estar polvoriento ni encharcado. El suelo es el principal reservorio de agua para el crecimiento de las plantas, mediante la transpiración pierden agua en forma de vapor. Esta pérdida de agua se tiene que compensar por la absorción de las raíces, sino se logra hacerlo, la planta empieza a deshidratarse, cierra los estomas y disminuye la producción de materia prima para la fotosíntesis.

La cantidad de agua en un suelo se expresa en porciento (%), en función al peso de un suelo seco.

Por ciento de humedad	Descripción	Nivel de agua	Espacio poroso	Disponibilidad de agua
100 %	Exceso	Punto de saturación		No disponible
95 %	Óptimo			Agua disponible
50 %	Límite	Capacidad de campo		
20 %	Seco	Punto de marchitez		Agua no disponible
5 %	Crítico			

Punto de saturación. El agua ocupa todo el espacio poroso por arriba de la capacidad de campo. Se pierde por escurrimiento superficial, falta de aireación en el suelo, plantas amarillas y tallos débiles, disminuye la absorción debido a poco desarrollo de las raíces y presencia de enfermedades.

Capacidad de campo. Es la cantidad de agua retenida en el suelo después de un riego transcurrido 24 a 48 horas. Es la presencia de agua en el suelo con la tensión más baja después de un riego. Es la retención de humedad a una tensión de 0.33 bares (330 centibares o 33 kilopascales en suelos de textura fina y de 0.1 bar (100 centibares o 10 kilopascales).

Las plantas absorben el agua del suelo a través de una presión negativa o tensión. Dicho de una manera sencilla, cuando la raíz toma el agua del suelo se compara con una persona al tomar agua de una botella con un popote. Mientras la botella esté más llena de agua, la fuerza de succión será menor, por el contrario, en la medida que falta agua en la botella y el nivel esté más bajo, la fuerza de succión será mucho mayor y al mismo tiempo más difícil. Visto así, la tensión es la fuerza que se requiere en la raíz para chupar el agua del suelo.

Punto de marchitez. Es la cantidad de agua retenida en el suelo, pero insuficiente para abastecer las necesidades de la planta, causando estrés hídrico y marchitez y no puede recuperar su turgencia, aun agregando agua a punto de saturación del suelo. La tensión en este nivel de agua es de 15 Bares (1,500 kilopascales). A las plantas se les dificulta obtener el agua a esta tensión.

A medida que el suelo se pone más seco, el agua es retenida con más fuerza por las partículas. Es decir, la fuerza de retención aumenta y la planta debe realizar un esfuerzo mayor para succionar agua y es imposible.

Agua disponible. Es la cantidad de agua que la planta puede absorber para realizar sus funciones de fotosíntesis, respiración y transpiración.

La nutrición del cultivo

Las raíces absorben los nutrientes de la solución del suelo, estos están cargados eléctricamente en forma de cationes (+) y aniones (-).

El crecimiento y desarrollo de las hortalizas depende en gran parte de una nutrición oportuna y eficiente de nutrientes.

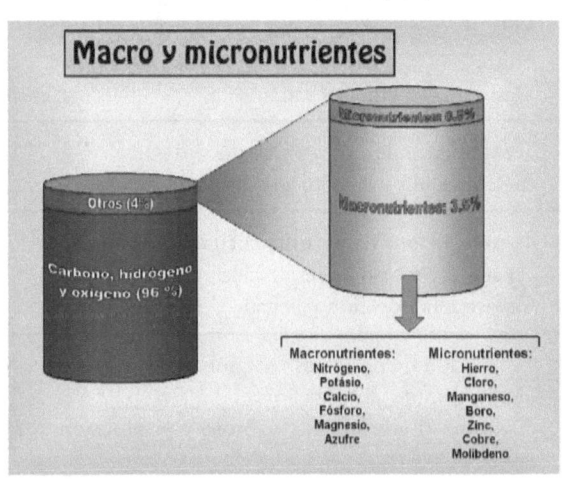

Estos nutrientes son la materia prima para que las hortalizas puedan llevar a cabo sus funciones básicas de fotosíntesis, respiración y transpiración durante su ciclo de vida. Los nutrientes son requeridos por las plantas en diferentes cantidades, aquellos que la planta los requiere en mayores cantidades se llaman

macro nutrientes y los que se necesitan en pequeñas cantidades se llaman **micronutrientes.** Sin embargo, si cualquiera de ellos está ausente en la planta, esta lo manifiesta y no puede crecer. El agua ayuda a diluir los nutrientes formando un jugo para poder chupar los 13 nutrientes a través de los pelos radicales que son la boca de las plantas.

La función de los nutrientes

Macronutriente	Símbolo	Función
Carbono	C	Formación de compuestos orgánicos (proteínas y azúcares)
Hidrógeno	H	Formación de compuestos orgánicos (proteínas y azúcares)
Oxigeno	O	Formación de compuestos orgánicos (proteínas y azúcares)
Nitrógeno	N	Crecimiento, desarrollo y rendimiento de las plantas Forma la clorofila, da el color verde a las hojas Formación de proteínas, hormonas y vitaminas
Fósforo	P	Crecimiento y desarrollo de raíces Participa en la fotosíntesis Formación de tallos resistentes Transportar los nutrientes en la planta
Potasio	K	Formación de proteínas, almidones y azúcares. Calidad en las hortalizas: tamaño final del fruto, vida de anaquel, el color, serosidad y sabor del fruto. Resistencia a enfermedades
Calcio	Ca	Crecimiento de raíces y crecimiento apical. Germinación y crecimiento de polen
Magnesio	Mg	Forma la clorofila y participa en la fotosíntesis, Ayuda al proceso de respiración, Favorece la floración y llenado de frutos.
Azufre	S	Formación de proteínas y vitaminas Formación de clorofila Estimula el crecimiento vigoroso y producción de semillas.

Micronutriente	Símbolo	Función
Hierro	Fe	Formación de clorofila y fotosíntesis en la planta, Participa en la respiración Cumple la función de sostén y resistencia a enfermedades.
Boro	B	Germinación y crecimiento del tubo polínico, Transporte de azúcares desde la hoja hacia los frutos en formación.
Cobre	Cu	Estimula la formación de polen (mayor demanda en floración). Aumenta el sabor en el fruto por medio de la formación de azúcares.
Manganeso	Mn	Participa en la fotosíntesis, respiración y síntesis de proteínas.
Zinc	Zn	Formación de clorofila, Desarrollo y crecimiento de hojas, Resistencia a bajas temperaturas.
Molibdeno	Mo	Regula el crecimiento de la planta, Participa en la floración, formación de polen y fecundación.
Cloro	Cl	Apertura de estomas, mantiene a la planta turgente, Ayuda al metabolismo del nitrógeno.

La fuente de nutrientes

Un fertilizante químico es un material inorgánico o sintético que suministra a las plantas uno o más elementos requeridos en su nutrición. Generalmente son sales. Un fertilizante simple suministra un solo elemento (ejemplo Nitrógeno). Un fertilizante compuesto suministra más de un elemento (ejemplo N, P y K)

Fertilizante nitrogenado	Nitrógeno	Fósforo	Potasio	Calcio	Azufre	Magnesio
Nitrato de calcio	15.5	00	00	19		
Sulfato de amonio	20	00	00		24	
Nitrato magnesio	11	00	00			9

| Nitrato potasio | 13 | 00 | 38 |
| Ácido nítrico | 22 | 00 | 00 |

Fertilizante fosforado	Nitrógeno	Fósforo	Potasio	Azufre	Cloro	Magnesio
Ácido fosfórico	00	32	00			
Monofosfato de potasio	00	32	28			
Monofosfato de amonio	12	27	00			
Fertilizantes potásicos						
Sulfato de potasio			45	18		
Nitrato de potasio	13		38			
Cloruro de potasio			60		46	
Micronutrientes	Fierro	Boro	Cobre	Zinc	Manganeso	Molibdeno
Quelato de fierro	13					
Bórax		11				
Sulfato de manganeso					32	
Sulfato de zinc				23		
Sulfato e cobre			25			
Molibdato de amonio						58
Molibdato de sodio						40

Preparación de soluciones nutritivas

La cantidad de fertilizante se calcula en función de la etapa fenológica del cultivo y se debe aplicar diariamente. Presentamos una tabla de fertilización para 1,700 m². Se parte de la base del siguiente cuadro:

Nutriente	8-25 DDT*	25-65 DDT	65-90 DDT	Más de 90 DDT	Últimos 3 racimos
Nitrógeno	0-2	2-3.5	4-5	6-9	3
Fosforo	1-3	1.5-2	1-1.5	1.5	0.3
Potasio	2-3	3.5-5	5-7	8-12	3-4
Calcio	1.3-3	2-3.5	2.5-4	4.5-5	2
Magnesio	0.6-1	1-2	2.2.5	2-2.5	1

Fuente: Castellanos y ojo de agua (2007)

No. Semana / DDT	Ácido fosfórico (ml)	Nitrato de calcio (gramos)	Nitrato potasio (gramos)	Sulfato amonio (gramos)	Sulfato potasio (gramos)	Sulfato magnesio (gramos)	Librel mix (gramos)
1/7	690	2,193	0			1,700	34
2/14	690	2,193	0			1,700	34
3/21	690	2,193	0			1,700	34
4/28	459	3,060		544	1,567	3.400	34
5/35	459	3,060		544	1,567	3,400	34
6/42	459	3060		544	1,567	3,400	34
7/49	459	3,060		544	1,567	3,400	34
8/56	459	3,060		544	1,567	3,400	34
9/63	347	3,570	2,261		1,530	4,250	34
10/70	347	3,570	2,261		1,530	4,250	34
11/77	347	3,570	2,261		1,530	4,250	34
12/84	347	3,570	2,261		1,530	4,250	34
13/91	347	3,570	2,261		1,530	4,250	34
14/98	347	4,471	6,392		1,904	4,250	17
15/105	68	1,785	2,312		731	1,700	17

Como vimos anteriormente, para el riego del cultivo se hacen regularmente dos o tres riegos al día. Se recomienda agregar el fertilizante en el primer riego de la mañana, porque es cuando la planta trabaja a un ritmo más acelerado por las condiciones de temperatura y humedad.

Mezcla de los fertilizantes en los tambos

Una vez calculado la cantidad de cada uno de los fertilizantes, se agregan a los tambos. El nitrato de calcio se aplica sólo en el tanque A. El resto de los fertilizantes se agregan al tanque B, en el siguiente orden: ácido fosfórico, nitrato de potasio, sulfato de magnesio, sulfato de potasio y por último librel mix.

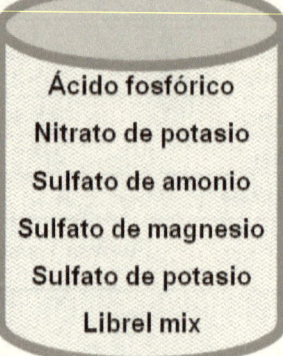

Manejo de pH de la solución nutritiva

El pH mide el grado de acidez y alcalinidad de la solución nutritiva. Se mide en escala de cero (0) a catorce (14); de 0 a 6 es ácido, 7 es neutro y de 8 a 14 es alcalino.

El pH influye de manera directa en la disponibilidad de nutrientes, principalmente el nitrógeno, fósforo y potasio, se hace más eficiente la actividad microbiana y regula la velocidad de descomposición de la materia orgánica. Esto ocurre en un pH neutro, es decir entre 6 a 7.

Para bajar la acidez al rango neutral se agregan a la solución nutritiva ácidos: sulfúrico, nítrico y fosfórico. Y por el contrario, para aumentarlo se aplican carbonatos o bicarbonatos.

Conceptos básicos de los fertilizantes

Riqueza o concentración del fertilizante. Contenido asimilable del nutriente en el fertilizante. Se expresa en por ciento de unidades fertilizantes. Ejemplo: el nitrato de calcio contiene 15.5 % de nitrógeno y 19 % de calcio. Es decir, por cada 100 kilogramos de fertilizante, se aplican 15.5 kilos de nitrógeno y 19 kilos de calcio.

Incompatibilidad del fertilizante. Al mezclar dos o más fertilizantes reaccionan químicamente entre sí, formando compuestos no asimilables o tóxicos para las plantas. Ejemplo, al mezclar el calcio con fosfatos o sulfatos forma en yeso.

Solubilidad. Es la capacidad del fertilizante para diluirse en agua. Puede expresarse en gramos por litro.

Densidad. El peso contenido en un determinado volumen de suelo y se expresa en gramos por centímetro cúbico, kg por litro o toneladas por metro cúbico.

Presentación de un fertilizante. Es la forma física del fertilizante. Podemos encontrar fertilizantes sólidos: polvos, granulados, cristalizados; líquidos, por ejemplo: ácido fosfórico, ácido nítrico, ácido sulfúrico; gaseosos por ejemplo: bióxido de carbono y amoniaco.

Fertilizantes líquidos. Son soluciones más concentradas que los fertilizantes sólidos. De rápida y alta solubilidad. Ejemplo: ácido fosfórico.

Fertilizantes foliares. Se disuelven en agua y se aplican al follaje. No reemplazan a la fertilización de raíz, sino complementan. Se usa para corregir de manera rápida algunas deficiencias nutricionales o aplicar micronutrientes.

SEXTA SECCIÓN

Protección contra plagas y enfermedades

Manejo integrado de plagas y enfermedades (MIPE)

Es un modelo de protección del cultivo que combina varias estrategias para tener un cultivo saludable, disminuir costos de cultivo, incrementar el rendimiento, protegiendo la salud del productor y conservando el medio ambiente.

Los plaguicidas son un mal necesario, cuyo uso es inevitable. MIPE permite reducir la dependencia al uso de los plaguicidas y se aplican como la última opción, tomando en cuenta la etiqueta de color verde, que los hace más compatibles con los insectos benéficos y son de baja residualidad.

El objetivo del MIPE es disminuir el daño de la plaga y enfermedad a un nivel que no afecte la producción del cultivo. De hecho, ni el control químico erradica la plaga en su totalidad.

Manejo convencional	Manejo integrado
Uso de control químico	Combina varias estrategias de control
Si no se hace uso de productos químicos es imposible obtener buenas cosechas	Se requiere de un conocimiento previo
Ejercen un efecto rápido en el control de plagas y enfermedades	Se hace un monitoreo del cultivo
Se atiende el problema hasta que aparece el daño en el cultivo	Se aplica control de acuerdo al daño económico
Contamina el medio ambiente	Cuida el medio ambiente
Es de acción curativa	Es preventivo y curativo
Destrucción de los insectos benéficos	Cuida la salud pública
Es muy caro	Reduce costos de producción

Estrategias de manejo integrado de plagas

1. Control físico. Consiste en colocar todas las barreras para evitar la entrada de hongos y bacterias o cualquier patógeno al interior del invernadero.

2. Control cultural y sanidad. Son las actividades de manejo del cultivo para su buen crecimiento y desarrollo. También implica tener espacios limpios y realizar medidas de higiene en las actividades.

3. Control biológico. Permite regular las plagas a partir del manejo de enemigos naturales. Estos ejercen efectos de parásitos, predadores y patógenos. Los parásitos son enemigos de las plagas que viven a expensas de ellas terminando por matarlas. Los predadores, son aquellos enemigos que se comen a las plagas causando su muerte. Y los patógenos pueden ser bacterias, hongos, virus y nematodos que causan enfermedad a la plaga.

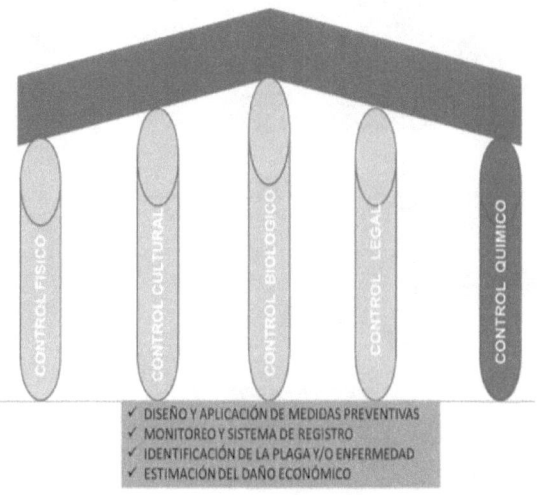

CONTROL FÍSICO
CONTROL CULTURAL
CONTROL BIOLÓGICO
CONTROL LEGAL
CONTROL QUÍMICO

✓ DISEÑO Y APLICACIÓN DE MEDIDAS PREVENTIVAS
✓ MONITOREO Y SISTEMA DE REGISTRO
✓ IDENTIFICACIÓN DE LA PLAGA Y/O ENFERMEDAD
✓ ESTIMACIÓN DEL DAÑO ECONÓMICO

4. Control legal. Consiste en promulgar leyes para evitar la diseminación de alguna plaga o enfermedad que pone en peligro la producción.

5. Control químico. Es la aplicación de productos químicos y botánicos para el control de plagas y enfermedades.

Pasos en la implementación de un programa de manejo integrado de plagas

Diagnóstico del problema
- ¿Cuáles son las principales plagas del cultivo?
- ¿Cuál es el habito de la plaga?
- ¿Cuál es su nivel de población en el cultivo?
- ¿Cuáles son las condiciones del clima en el invernadero?

Identificación de las medidas de control
- ¿Qué medidas de manejo preventivo se pueden aplicar en el cultivo?
- ¿Qué medidas de manejo curativo se pueden aplicar?

Diseño de la estrategia
- ¿Cómo se llevará a cabo la secuencia de la aplicación de las medidas de manejo?

Principales plagas en el cultivo (en orden de importancia)

Plaga	Descripción	Daños
Paratrioza (Bactericera cockerelli)	• Los huevecillos son ovalados, de color amarillo-naranja y se adhieren con un filamento al borde de las hojas. • Las ninfas se observan como escamas en la parte inferior de la hoja. Son de color verde pálido. • El adulto mide aproximadamente 2 mm, de color negro con alas transparentes en forma de tejado, con una franja transversal en el dorso. • Tiene un aparato bucal chupador para extraer la savia. • Su ciclo de vida es de 25 a 30 días. Y cada hembra pone 500 huevecillos.	• Las ninfas y adultos al chupar la savia liberan toxinas que causan clorosis de la planta. • Un daño indirecto es la transmisión de micoplasma que aparece 4 semanas después de ocurrida la infección. • Hay una detención del crecimiento apical, achaparramiento de la planta, aborto floral y una pérdida en el rendimiento hasta del 60 %.
Mosca blanca (Bemicia tabaci y Trialeurodes vaporariorum)	• Adulto de color blanco con las alas en tejado y aplanada respectivamente. • Las ninfas y adultos se localizan en la parte inferior de las hojas. • La hembra deposita 300 huevecillos entre un tiempo de 20 a 40 días. Su ciclo de vida es de 20 a 35 días.	• Al chupar la savia de las hojas, provoca amarillamiento y decoloración de frutos. • Disminuye el rendimiento y la calidad del fruto. • Transmite más de 25 enfermedades virosas.

| Araña roja (Tetranichus spp.) | • Posee 4 pares de patas y carecen de antenas.

• Prolifera en clima con temperatura alta y periodos secos.

• Ciclo de vida de 7 a 14 días. | • Se localizan en el envés de la hoja, de la cual chupan la savia para alimentarse.

• Deformación y caída de hojas.

• Provoca amarillamiento de las hojas.

• Disminuye el rendimiento y calidad del fruto. |

Plaga	Descripción	Daños
Ácaro del bronceado (Aculops lycopersici)	• Se presenta en los meses secos (abril, mayo, junio y julio). • Se alimenta de la savia de las hojas. • Adulto alargado de color blanco amarillento o naranja. • Ciclo de vida de 6 a 7 días a 27 °C y 30% de humedad relativa.	• Apariencia de color bronce en la base del tallo. • Avanza hacia las hojas, que adquieren forma de cuchara. • A contra luz, se observan pequeños huecos claros en las venas. • Detiene el crecimiento de la planta. • Aborto floral y frutos rajados con apariencia de melón.
Gusano del fruto (Heliothis sp.)	• El daño lo causa la larva al alimentarse del fruto. • La larva es de color verde o café pardo. Mide de 4.0 a 5.0 cm de largo. • La hembra deposita de 500 a 3000 huevecillos. • El ciclo de vida va de 28 a 45 días.	• La larva se alimenta de las partes tiernas y botones florales. • Al alimentarse del fruto, hace perforaciones circulares y demerita su calidad.
Gusano del follaje (Spodoptera sp.)	• El adulto pone los huevecillos en colonias de 50 a 200 en el envés de la hoja. • Ciclo de vida de 40 a 50 días. • Las larvas miden de 3.5 a 4.5 cm de largo.	• El daño lo causa la larva al alimentarse del follaje. • Las hojas se notan con perforaciones circulares.

| Nematodos (Meloidogyne sp. Y Pratilenchus sp.) | • Son gusanos cilíndricos y pequeños.

• Su aparato bucal es en forma de estilete.

• El ataque es más severo en ciclo largo.

• Puede prosperar y causar mayor daño en suelos ligeros de textura arenosa.

• Su presencia ocurre cuando se siembra de manera continua de cultivos de la misma familia (jitomate, pimiento, papa, etc.). | • El patógeno infecta la raíz del cultivo formando nódulos o agallas en la raíz.

• Impiden la absorción de agua y nutrientes.

• Las plantas se debilitan y marchitan.

• Enanismo, marchitez y amarillamiento de la planta, dando la apariencia de deficiencia de nutrientes.

• Por las heridas se facilita la entrada de hongos y bacterias.

• Reducción de la producción.

• Vectores de virus. |

Métodos de control de plagas

❑ Control físico

1. Colocación de malla antiáfidos en las ventanas frontales, laterales y cenital. Para las dos primeras el calibre es de 20 x 10 (50 x 25 hileras/ pulgada) y para la cenital es de 16 x 10 (40 x 25 hileras por pulgada).

2. Caseta sanitaria con doble puerta en la entrada y salida del invernadero

3. El uso de trampas de captura dentro y fuera del invernadero. El color amarillo atrae a mosca blanca, paratrioza y minador. Colocar de 34 a 68 trampas en 1700 m^2 en el interior del invernadero. En la parte exterior colocar trampas de una medida de 80 x 50 cm cada 5 metros de distancia, principalmente cerca de la entrada al invernadero.

4. Sellar los agujeros del plástico por muy pequeños que se vean con cinta polipatch. En caso de ruptura del techo, repararlo inmediatamente.

5. Cubrir los pasillos con grand couver para evitar la emergencia de hierbas y diseminar los patógenos al caminar.

6. Manejo del clima. Por debajo de los 20 ° C, los insectos tienen poca movilidad; y humedad relativa por arriba del 80 % privilegia del desarrollo de enfermedades causadas por hongos.

7. Recolección manual de larvas o lepidópteros en el suelo.

8. Siembra de cultivos trampa y aplicación de productos repelentes. Por ejemplo, la aplicación de biocrack cada semana en las paredes.

❑ **Control cultural y sanidad**

1. Higiene. Mantener limpio todas las áreas, desde la caseta sanitaria, pasillo principal, pasillos entre las camas, las paredes hasta la parte externa alrededor del invernadero (al menos una distancia de 5 metros de ancho).

2. Buena preparación de camas de cultivo. Enriquecer con materia orgánica y mejorar la textura para facilitar la infiltración, aireación y drenaje del agua.

3. Siembra de la densidad óptima de plantación. Altas densidades favorecen un crecimiento vegetativo excesivo por falta de luz y una alta humedad relativa que causa la aparición de enfermedades.

4. Eliminar residuos de cosecha anterior. Sacar raíces, tallos, hojas y frutos que pueden ser hospederas de plagas y enfermedades.

5. Examinar las plantas, carretillas, cajas de cosecha, tijeras cuidadosamente antes de ingresar al invernadero.

6. El uso de plántula injertada, para una mayor resistencia en caso de ciclo largo.

7. Cada vez que una persona entre al invernadero, debe desinfectarse la ropa y zapatos con sales cuaternarias (3 ml/litro de agua); así como las manos con gel antibacterial.

8. Trabajadores o visitantes que ingresen al invernadero deben usar overol.

9. Desinfectar los materiales y herramientas de trabajo que entran al invernadero (cajas, carretillas, tijeras, navajas y cubetas) con sales cuaternarias.

10. Realizar las labores culturales de manera eficiente y oportuna para que las plantas tengan vigor. Por ejemplo, el quitado de hojas hacerlo al ras de tallo para evitar el desarrollo de botritis.

11. Desinfectar los pasillos y las mallas de las ventanas una vez por semana con sales cuaternarias.

12. Evitar tener plantas estresadas por falta de agua y fertilizantes. En los tejidos muertos se corre el riesgo de proliferar patógenos. Un exceso de nitrógeno y agua puede causar enfermedades en la planta.

13. Previo al ciclo de cultivo, desinfectar las paredes, ventanas, techos, mesas, herramientas y el suelo con sales cuaternarias.

❑ **Control biológico**

1. Es el uso de organismos benéficos contra plagas que causan daño al cultivo

2. Está dirigido a una especie de plaga en particular, por lo que es necesario identificar el enemigo natural en función de la plaga presente.

3. Las plagas que regula son de aparato bucal chupador: mosca blanca, psyllido, chicharrita y áfidos.

4. El uso de control biológico no destruye la fauna del suelo y del follaje ni tampoco contamina el medio ambiente.

5. Es un control biológico inducido, pero tiene la limitante de que no se producen enemigos naturales a nivel local.

6. Se tiene que hacer uso selectivo de insecticidas para no matar a los enemigos naturales.

7. El control biológico es de acción lenta, no hace control inmediato a diferencia de los plaguicidas.

8. No se liberan los biocontroles y se espera que la plaga muera, se debe conocer la dinámica de las poblaciones.

9. Requiere de un manejo preventivo, liberar los insectos benéficos cuando exista baja densidad de población de la plaga.

Plaga	Producto	Ingrediente activo	Dosis/1700 M2
Mosca blanca	Enermix	Encarsia, eretmocerus	
Gusanos	Bacillus	Bacillus turingensis	1 gr / lt de agua
Botritis	Serenade	Bacillus subtilis	300 ml.
	Microsoil		
Gusano del fruto	Trichogramma sp.		
	Beauveria bassiana		
	Metarhizium		
	Paecilomyces		
	Verticillium		
	Aschersonia		
Hongos Phytium, Fusarium y Rhizoctonia.	Trichoderma		

❑ **Control legal**

1. Establecimiento de medidas cuarentenarias

2. Promoción de campañas fitosanitarias

❑ **Control químico**

1. De preferencia usar productos con categoría de ligeramente tóxico, con color de etiqueta verde.

2. Aplicar el producto en la parte superior e inferior de la hoja para lograr una buena cobertura.

3. Alternar la aplicación de productos químicos para evitar generar resistencia a las plagas. Por ejemplo: primero un organoclorado, segundo un organofosforado, tercero un carbamato y cuarto un piretroide.

4. Combinar la aplicación de productos químicos y botánicos para ejercer un buen control. Ejemplo: para el control de mosca blanca aplicar confidor y extracto de neem.

5. Si un producto no tiene un control satisfactorio, no aumentar la dosis ni la frecuencia de aplicaciones, sino cambiar el producto que demuestre un control efectivo.

Productos para el control de mosca blanca y paratrioza				
Nombre comercial	Ingrediente activo	Dosis/ha	Dosis 1,700 m2	Forma de aplicación
Confidor	Imidacloprid	0.75-1.0 litro	127.5-170 ml	Riego /aspersión
Movento		0.4-0.6 litros	68-102 ml	Aspersión
Decis		200 -250 ml	34-42.5 ml	Aspersión
Agrymec	Abamectina	0.5-1.2 litros	85- 204 ml	Aspersión
Oberón		0.4-0.6 litros	68-102 ml	Aspersión
Rescate	Acetamiprid	0.3-0.4 kg	51-68 gr.	Aspersión
Plenum 50	Pimetrozine	0.5-0.6 kg	85-102 gr	Aspersión
Rogor	Dimetoato	1.0-1.5 litros	170-255	Aspersión
Thiodán	Endosulfán	1.5- 2.0 litros	255-340	Aspersión
Tracer	Spinosad	0.1-0.4 litros	17-68 ml	Aspersión
Control de plagas del suelo (nematodos)				
Nombre comercial	Ing. Activo	Dosis/ha	Dosis 1,700 m2	Forma de aplicación
Furadan 350	Carbofurán	4.0-5.0 litros	680-850 ml	Riego
QL Agri	Quillay	25-30 litros	4.25- 5.1 litros	Riego
Vidate L	Oxamil	1.0-3.0 litros	170- 510 ml	Riego
Temik 15 G	Aldicarb	15-20 kilos	2.5-3.4 kilos	Suelo
Rugby	Cadusafos	20 litros	3.4 litros	Riego
Mocap gel	Etopofos	3.0-6.0 kilos	510- 1,020 gr	Riego

Control de gusanos en el follaje o fruto				
Nombre comercial	Ing. Activo	Dosis/ha	Dosis 1,700 m2	Forma de aplicación
Ambush	Permetrina	0.2-0.4 litros	34-68 ml	Aspersión
Gusatión 35-PH	Azinfosmetil	2.0-4.0 litros	340-680 ml	Aspersión
Magnun L480	Clorpirifos etil	1.0-1.5 litros	170-255 ml	Aspersión
Leverage	Imidacloprid+ ciflutrim	0.25-0.30 lt.	42.5-51 ml	Aspersión
Avaunt	Indoxacarb	0.1-0.25 lt.	17-42.5 ml	Aspersión
Muralla max		0.2-0.3 litros	34-51 ml	Aspersión
Karate	Labdacialotsina	0.6 litros	102 ml	Aspersión
Control de pulgones y trips del follaje				
Nombre comercial	Ing. Activo	Dosis/ ha	Dosis 1,700 m2	Forma de aplicación
Vidate L	Oxamil	1.0-3.0 litros	340-680 ml	Riego/ aspersión
Platino	Fenpropatrim	0.4-0.6 litros	68-102 ml	Aspersión
Leverage	Imidacloprid+ ciflutrim	0.25-0.30 lt.	42.5-51 ml	Aspersión
Gusatión 35-PH	Azinfosmetil	200-400 ml	340-680 ml	Aspersión
Tracer	Spinosad	0.1-0.4 litros	17-68 ml	Aspersión
Control de minador del follaje				
Nombre comercial	Ing. Activo	Dosis/ha	Dosis 1,700 m2	Forma de aplicación
Vidate L	Oxamil	1.0-3.0 litros	340-680 ml	Riego/ aspersión
Platino	Fenpropatrim	0.4-0.6 litros	68-102 ml	Aspersión
Avaunt	Indoxacarb	0.10-0.25 kg.	17-42.5 gr	Aspersión

Control de araña roja y ácaro del bronceado				
Nombre comercial	Ing. Activo	Dosis/ha	Dosis 1,700 m2	Forma de aplicación
Vidate L	Oxamil	1-3 litros	170-510 ml	Aspersión
Rescate	Acetamiprid	0.3-0.4 litros	51-68 ml	Aspersión
Aben	Abamectina	0.5-1.2 litros	85-204 ml	Aspersión
Sultrón	Azufre	2.5-3.0 litros	425-510 ml	Aspersión

Paratrioza adulto

Ninfas en el haz de la hoja
Foto: Miguel Angel Nicolas
Domínguez

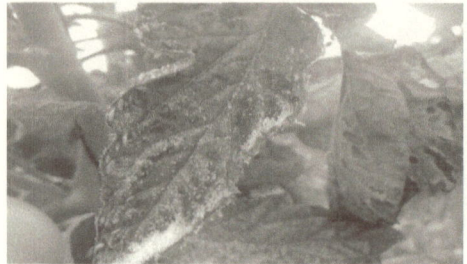

Salerillo en el haz de la hoja
Foto: Miguel Angel Nicolas
Domínguez

Paratrioza en jitromate

Mosca blanca

Daños del ácaro del bronceado en hojas, tallos y frutos
Fotos: Archivo OPIC, A. C.

Enfermedades causadas por hongos

Enfermedad	Causa	Síntoma	Daño
Enfermedades del suelo			
Pudrición radicular, ahogamiento o Damping off (Phytium, Phytopthora, Fusarium, Rhizoctonia)	• Falta de desinfección del suelo. • Suelos de textura fina, con mal drenaje y exceso de humedad.	• Secadera en la base del tallo. • Pudrición de raíces. • Estrangulación y necrosis del cuello del tallo y muerte de plantas después del trasplante.	• Daño severo causa hasta un 30 al 40 % de muerte de plántulas.

Enfermedades del follaje			
Tizón temprano (Alternaria solani)	• Días nublados y lluviosos combinados con días cálidos. • Noches con alta humedad relativa. • Plantas con baja nutrición y con exceso de carga de frutos. Presencia de residuos de cosecha y plantas hospederas. • Dispersión del hongo por agua y viento.	• Empieza en las hojas de la parte inferior, con lesiones oscuras en forma de círculos concéntricos de 1 a 2 cm. • Lesiones redondas y secas de color café oscuro que producen un efecto de tiro al blanco. • En tallos y peciolos se producen manchas en forma de anillo, hendidas y ovaladas de color negro. • En el fruto aparecen lesiones de color oscuro y de forma anillada.	• En caso severo, ocurre defoliación de la planta. • Disminución del rendimiento hasta en un 30 %. • Hay efecto de quemadura de sol en los frutos por falta de hojas.
Tizon tardío (Phytopthora infestans)	• Días nublados con humedad relativa del 80 al 90 %. • Presencia de agua en el follaje. • Condensación y goteo. • Temperaturas en la noche de 10 a 15° C. • El hongo vive en residuos de cosecha y hierbas. • El hongo se disemina por el viento, salpicado de agua y herramientas de trabajo.	• Empieza en las hojas de la parte superior de la planta. • Las hojas presentan manchas necróticas grandes e irregulares húmedas, en la parte superior. • En el envés de las hojas y tallos, se observa un algodoncillo en el centro de la lesión. • Frutos con manchas de color café rojizo.	• En un periodo de 3 a 5 días puede acabar con el cultivo. • Manchas en hojas, tallos y frutos que bajan el rendimiento. • Disminuyen la calidad del fruto.

Enfermedad	Causa	Síntoma	Daño
Pudrición gris (Botritis cinerea)	• Temperatura de 20 a 25 °C.	Pudriciones anilladas en el tallo.	• Daño al fruto y baja la calidad.
	• Humedad relativa superior al 80 %.	• Lesiones necróticas en hojas en forma de V.	• Disminuye el rendimiento.
	• Presencia de restos de cosecha.	• En frutos verdes y maduros, lesiones blandas y acuosas en la zona de unión del pedúnculo.	
	• Heridas provocadas por insectos o labores culturales.	• Mancha fantasma en el fruto, en forma circular blanca (anillo).	
	• Disemina por el viento, agua de riego y herramientas de trabajo.		
	• Altas densidades de siembra.		
	• Lluvias frecuentes.		
Cenicilla (Oidius taurica y Leveillula taurica)	• Combinación de días calurosos y baja humedad relativa (50 %).	• La infección empieza por las hojas más viejas.	• Daño fuerte provoca defoliación de las plantas.
	• Presencia de temperaturas de entre 20 y 32 °C.	• Pequeñas manchas circulares de color amarillo en la parte superior de las hojas.	• Baja el rendimiento del cultivo.
	• Las esporas se mueven con las corrientes de aire.	• Presencia de manchas de color ceniza en la parte inferior de las hojas.	

| Marchitez vascular(Fusarium oxysporum) | • Entrada por heridas en raíces y tallos.

• Semillas y suelo infectado.

• Suelos con pH ácido, mal drenaje y textura arenosa.

• Residuos de cosecha, se disemina por el agua y el viento, insectos, herramientas de trabajo, zapatos.

• Días de luz cortos. El hongo puede permanecer hasta 10 años a una profundidad de 80 cm. | • Amarillamiento de hojas inferiores.

• Secado y marchitez de hojas.

• Necrosis interna de color marrón en la base del tallo, que tiende a subir desde la raíz hacia el tallo y peciolo de la hoja. | • Detención del crecimiento de la planta.

• Disminución del rendimiento. |

Enfermedades causadas por bacterias

Enfermedad	Causa	Síntoma	Daño
Cáncer bacteriano (Clavibacter michiganensis)	• Se transmite por semilla, el patógeno se activa al germinar la semilla y crece con la planta. • Se transloca en el xilema del tallo. • Vive en residuos de cosecha y disemina por prácticas culturales. • Penetra por los estomas de las hojas, heridas y raíz. • Se transmite por insectos, agua, suelo, herramientas y equipo de trabajo. • Humedad relativa arriba del 80 %. • Se disemina en línea con trabajos culturales (tijeras, podas, etc.).	• Efecto sistémico provoca necrosis en el tallo. • Necrosis en hojas y en el cáliz y pedúnculo del fruto. • Moteado y ojo de pájaro en el fruto. • Marchitez y muerte de plantas. • Causa infección en raíz, tallo, hojas y frutos.	• Puede durar varios años en residuos de cosecha, suelo y plantas hospederas. • Pérdida de la cosecha.
Xhantomonas spp. (Mancha bacteriana)	• La fuente de inóculo es la semilla, plántulas y residuos de cosecha, prácticas culturales. • Zonas de clima templado y frío con alta humedad relativa.	• Lesiones necróticas con halo clorótico en hojas basales, con bordes irregulares. • Manchas de color oscuro en frutos, de aspecto leñoso con ligera hendidura. • Mancha parda en la flor y pedúnculo y largo del tallo.	

Pudrición bacteriana del tallo (Pseudomonas sp.)	• La bacteria vive en el suelo. • Excesiva nutrición con nitrógeno. • Temperaturas y humedad relativa alta.	• La pudrición comienza en hojas inferiores. • El tallo presenta grietas que alcanzan el peciolo de las hojas. • El tallo se torna hueco y la región medular es ocupada por una masa gelatinosa de apariencia blanca.

Enfermedades causadas por virus

Síntomas de Tizón temprano en planta, hojas y fruto

Foto: Miguel Angel Nicolas Domínguez

Enfermedad	Causa	Síntoma	Daño
Virus	• Se transmiten por semilla • Insectos vectores (mosca blanca, paratrioza y trips). • Forma mecánica (herramientas. • Propagación vegetativa	• Clorosis y deformación de las hojas jóvenes. • Detención del crecimiento apical. • Enchinamiento o arrugamiento de las hojas.	Pérdida de cosecha

Tizón tardío en hojas y fruto
Fotos: Archivo OPIC, A. C.

Síntomas de Tizón temprano en planta, hojas y fruto
Foto: Miguel Angel Nicolas Domínguez

Hongo en tallo   Hongo en hojas

Hongo en fruto   Mancha fantasma en fruto

Fotos: Archivo OPIC, A. C.

Manejo integrado de enfermedades

Biodesinfección del suelo

La biodesinfección del suelo es una alternativa sustentable a la desinfección química. Se conjuga la biofumigación que consiste en elevar la temperatura del suelo a partir de la aplicación y descomposición de la materia orgánica. También se combina con la solarización, que aprovecha la energía solar a través de la cobertura de las camas con plástico. A continuación se describen los pasos:

Paso 1. Aplicación de los residuos orgánicos al suelo. Se usan 5 kilogramos por m^2 de crucíferas (brócoli) y 7 kg. De estiércol fresco (bovino, gallinaza o caprino).

Paso 2. Incorporar los materiales con el paso de arado. Favorece la mezcla del material orgánico y el suelo. Si es necesario se da un paso de rastra para mullir bien el suelo.

Paso 3. Dar un riego, sin saturar el suelo.

Paso 4. Cubrir el suelo con plástico transparente calibre de 30-40 micras. La cobertura puede ser total o únicamente las camas de cultivo. Esta práctica tiene mayor efectividad en los meses más calurosos (marzo, abril y mayo), con una duración de 4 a 6 semanas.

Paso 5. Descubrir y ventilar las camas de cultivo. Cumplido las 4 o 6 semanas, teniendo cuidado de aplicar las medidas sanitarias, como la desinfección del personal, herramientas y materiales de trabajo.

Paso 6. Enviar al laboratorio una muestra de suelo para hacer un análisis microbiológico (hongos, bacterias y nematodos).

Paso 7. Inoculación de organismos benéficos. Con el aumento de temperatura se mueren hongos y bacterias, por lo tanto, se necesita agregar al suelo algunos microorganismos como Trichoderma sp; Bacillus subtilis; micorrizas y nematodos.

Damping off

o Mejorar la textura de suelos arcillosos hacia suelos francos

o Evitar excesos de agua y alta densidad de siembra.

o Desinfección son biofumigación

o Inoculación del suelo con Trichoderma spp; 8 días antes del trasplante.

o Desinfectar herramientas con sales cuaternarias.

Tizón temprano y tizón tardío

o   Trasplante de densidades óptimas de población

o   Favorecer la ventilación a través de la poda de hojas inferiores

o   Recolección y quitado de frutos, tallos y hojas enfermos.

o   Evitar altas densidades de población (arriba de tres plantas por m^2).

o   Podas de hojas inferiores para facilitar la ventilación

o   Retirar plantas enfermas lejos del invernadero

Botritis

o   Quitado de hojas inferiores para mejorar la ventilación

o   Evitar agua en el follaje de las plantas

o   Eliminar hojas, tallos y flores secas de la planta que sirven como inóculo

o   Eliminar partes infectadas con el polvillo gris (quemarlas)

o   Evitar exceso de nutrición con nitrógeno (crecimiento)

o   Poda de hojas al ras del tallo

o   Uso de hongos y bacterias como Trichoderma spp, y Bacillus subtilis

Fusarium

o   Tratamiento de solarización durante 30 a 40 días. (temperaturas de 60 a 70 °C.

o   Rotación de cultivos

o   Manejo del clima: temperatura, humedad relativa, evitar mojar el follaje.

o   Favorecer buena ventilación e iluminación.

o   Sacar plantas enfermas y destruirlas fuera del invernadero.

o   Aplicación de cal agrícola para subir el pH del suelo.

o   Producción en bolsas

Bacterias

o   Eliminar restos de cosecha anterior

o   Desinfección de paredes, techos, herramientas y equipo de trabajo.

o   Quitado de hierbas en el interior y exterior del invernadero

o   Productos a base de cobre, combinados con fungicidas y antibióticos

o   Destrucción de material enfermo

o   Incorporación de residuos orgánicos

o   Desinfección de herramientas de trabajo

o   Evitar las heridas

Nematodos

o   Análisis del suelo

o   Solarización de 30 a 45 días.

o   Extracto de plantas (cempaxúchitl, neem y crucíferas)

o   Aplicación de abonos orgánicos (gallinaza) y plantas como cempaxúchitl, crucíferas e higuerilla

o   Eliminación de plantas hospederas y residuos de cosecha

o   Buena preparación del suelo

o   Uso de plantas injertadas

o   Aplicación de hongos antagónicos como Verticillium chlamydosporium, Paecilomyces lilacinus, Metarhizium anisopliae y beauveria bassiana.

Productos para el control de dampig off				
Nombre comercial	Ingrediente activo	Dosis/Ha.	Dosis/1,700 M2	Forma de aplicación
Derosal 500	Carbendazin	0.75-.1.2 lts.	127.5-204 ml	Riego
Tecto 60	Tiabendazol	0.5-0.7 kg.	85-119 gr	Riego
	Benomil	0.5-1 kg.	85-179 gr	Riego
Bavistín 500	Carbendazin	0.5 kg.	85 gr	Riego
Busan 30	Benzotiazol	3-6 litros	510-1,020 ml	Riego
Rovral	Iprodione	1-2 litros	170-340 ml	Riego
Productos para el control de Tizón tardío				
Bacillus subtilis	Serenade	1-3 litros	170-510 ml	Riego/ aspersión
Captán 50 PH	Captán	1.5-3 kg.	255-510 gr	Aspersión
Daconil 8787 W-75	Clorotalonil	1.5-2.5 kg.	255-425 gr	Aspersión
Mancozeb	Mancozeb	kg.	170-680 gr	Aspersión
Ridomil Gold 4E	Metalaxil	1.5-2.50 kg	255-425 gr	Aspersión
Previcur N	Propamocarb	1.5 - 2 litros	255-340 ml	Riego/ aspersión
TricoSin	Trichoderma	1-2 kg.	170-340 gr	Riego/ aspersión
Aliette	Fosetil aluminio	2.5-3.0 kg.	425-510 gr	Riego
	Cupravit	2 a 4 kg.	340-680 gr	Aspersión
Curzate M8	Cimoxamil + mancozeb	2-3 kg.	340-510 gr	Riego
Dithane M-45	Mancozeb	3 kg.	510 gr	Riego

Productos para el control de Tizón temprano				
Scala	Pyrimethomil 40	1.25-1.5 litros	212.5-255 ml	Aspersión
Daconil 8787 W-75	Clorotalonil	1.5-2.5 kg.	255-425 gr	Aspersión
Mancozeb	Mancozeb	1-4.5 kg	170-765 gr	Aspersión
Azoxystrobin	Amistar 50 WG	200-300 gr	34-51 gr	Riego
Trifloxystrobin	Flint	250-300 gr.	42.5-51 gr	Aspersión
Switch 62	Fludioxonilo + cipronidilo	0.8-1 kg.	136- 170 gr	Riego
Mancozeb	Mancozeb	1-4 litros	170-680 ml	Aspersión
Folicur	Tebuconazde	0.5-0.75 litros	85-127.5 ml	Aspersión
Cabrio C	Boscalid + pyraclostrobin	0.8-1.2 kg.	136-204 gr	Aspersión
Bacillus subtilis	Serenade	1-3 litros	170-510 ml	Riego/ aspersión
Productos para el control de cenicilla				
Nombre comercial	**Ingrediente activo**	**Dosis/ha.**		**Forma de aplicación**
Bacillus subtilis	Serenade	1-3 litros	170-510 ml	Riego/ aspersión
Pensul	Azufre elemental	6 kg	1,020 gr	Espolvoreo en pasillos
Cabrio C	Boscalid + pyraclostrobin	0.8-1.2 kg.	136-204 gr	Aspersión
Azoxystrobin	Amistar 50 WG	200-300 gr	34-51 gr	Riego
Rally 40 W	Myclobutanil	114-228 gr	19.4-38.76 gr	Aspersión
Productos para el control de Botritis				
Serenade	Bacillus subtilis	3-5 litros	510-850 ml	Riego/ aspersión
Daconil 8787 W-75	Clorotalonil	1.5- 2.5 kg.	255-425 gr	Aspersión
Benlate	Benomilo	0.5-1 kg.	85-170 gr	Aspersión
Rovral 4 Flo	Iprodione	1-2 kg.	170-340 gr	Riego/ aspersión
Scala 40 SC	Pyrimetamil	1.25-1.5 litros	212.5-255 ml	Aspersión
Switch 62 W	Ciprodinil +fludioxonil	1-2 kg.	170-340 gr	Aspersión
Productos para el control de Bacterias				
AgroBacilo	Bacillus subtilis	1-2 litros	170-340 ml	Aspersión
Agrygent plus	Gentamicina	1.6 kg	272 gr	Aspersión
Cuprimicin 500	Estreptomicina+cobre	250-400 gr	42.5-68 gr	Aspersión
Cupravit mix	Oxicloruro de cobre	2.0-4.0 kg	340-680 gr	Aspersión
Kasumín	Kasugamicina	1.0-1.2 kg	170-204 gr	Aspersión

Uso y manejo seguro de plaguicidas

Un plaguicida es una sustancia química o biológica destinada a la prevención o destrucción de insectos, roedores, pájaros, malas hierbas y enfermedades producidas por hongos, bacterias y virus.

Al aplicar un plaguicida, no sólo mata a la plaga, sino también a los enemigos naturales y otros seres vivos. Las plagas que sobreviven, recobran una mayor agresividad después de la aplicación y se vuelven más resistentes al producto usado para su control.

Grado de toxicidad de un plaguicida

Grado	Categoría de toxicidad aguda	Color de la franja	Cantidad aproximada para matar a una persona adulta
I	Extremadamente peligroso	Rojo	De unas pocas gotas a una cucharadita
II	Moderadamente peligroso	Amarilla	De una cucharadita a una onza (30 ml)
III	Ligeramente peligroso	Azul	De una onza a un vaso
IV	Manejo con precaución	Verde	De un vaso a 1 litro

Recomendaciones al comprar un plaguicida:

o   Leer detenidamente la etiqueta

o   Conocer los grados de toxicidad en base al color de la etiqueta

o   No enviar a comprar plaguicidas a niños o personas que no saben leer

o   No abrir el plaguicida para olerlo o probarlo

o   No se debe trasvasar el contenido del envase original a otros envases

o   El envase no debe presentar daño o rotura

o   La etiqueta debe estar limpia para leerse perfectamente toda la información que contiene.

Transporte del plaguicida

o Los plaguicidas nunca deben transportarse junto con alimentos, juguetes, ropa o medicamentos (se corre el riesgo de intoxicación).

o Los plaguicidas deben ser transportados bien amarrados, protegidos de la lluvia.

o En caso de transportar un plaguicida a pie, bicicleta o caballo, es aconsejable envolver los envases con material impermeable y asegurarlos bien para disminuir el riesgo de derrame.

o Durante la carga o descarga del plaguicida, es necesario usar guantes y luego lavarse las manos con agua y jabón.

o No colocar los plaguicidas en bolsas donde se guarden alimentos.

o Si se transporta el plaguicida en vehículo cerrado, lavarlo bien para eliminar cualquier residuo.

Almacenamiento del plaguicida

o Los plaguicidas deben almacenarse lejos de las actividades familiares, colocar rótulos de advertencia que indiquen peligro para las personas.

o Guardar los envases, separados de otras mercancías bajo llave, lejos del alcance de los niños, fuera de las habitaciones y al aire libre.

o Lo aconsejable es guardar los productos en una bodega con llave, que tenga buena ventilación, piso de concreto y techo en buen estado.

o Los plaguicidas deben ser colocados en estantes o tarimas para protegerlos del contacto con el agua en caso de inundaciones o lluvia y según su clasificación: insecticida, fungicida, herbicida, nematicida; además, no mezclarlos con los fertilizantes.

o No almacenar los plaguicidas en las letrinas, cuartos, baños, gallineros ni en graneros.

o Nunca almacenar plaguicidas en envases de alimentos, ni tampoco alimentos en envases vacíos que almacenaron plaguicidas.

Preparación y aplicación de plaguicidas

o Al colocar la mochila en la espalda, procurar que no resbale y caiga plaguicida en el cuerpo.

o Al sudar, no secar el sudor con la manga de la camisa. Si tiene sed, hambre o ganas de fumar, esperar a terminar el contenido de la mochila. Quitar y lavar bien los guantes, quitarse el equipo de protección y lavarse las manos.

o Al término de la aplicación y con la ropa de protección puesta, lavar el equipo de aplicación general y por partes, filtros y boquillas para evitar que se acumulen residuos del plaguicida.

o Lavar bien los utensilios utilizados para la mezcla y la aplicación. No lavar equipo cerca de fuentes de agua o canales de desagüe y cerca de la casa y niños.

Uso de equipo de protección

1. En una intoxicación con plaguicida, la vía principal de entrada es la piel. Pero también pueden ocurrir por la inhalación de gases y partículas, a través de los ojos y la boca.

2. El equipo de protección debe cubrir boca, ojos, nariz y la piel.

3. El equipo básico comprende: camisa de manga larga, pantalones largos, botas, guantes de hule, impermeable, anteojos y una mascarilla con filtro.

Calibración de aspersora manual

¿Cuánto producto debo utilizar?
Paso 1. Conocer la superficie a tratar. Ejemplo, un invernadero de 45 x 38 metros (1,700 M²), 24 surcos de 42 metros de largo. El cultivo en la semana 13 del ciclo de producción.

Paso 2. Identificar el producto y la dosis que vamos a aplicar. Para control de paratrioza, se va a aplicar agrymec a una dosis de 0.8 a 1.2 lt/ha.

Paso 3. Calcular el volumen de agrymec en la dosis alta:

10,000 M²------------------ 1,200 ml (1.2 litros)
   1700 M²------------------X

X = (1,200) (1,700)/ 10,000=204 mililitros de agrimec

Paso 4. Hacer la prueba de gasto de agua. Se llena la mochila únicamente con agua, por ejemplo 10 litros. Se aplica a las plantas de un surco completo. Se resta la cantidad de agua usada, en este caso 7.5 litros.

Paso 5. Se calcula la cantidad de agua que se gastaría en todo el invernadero de 24 camas

1 surco ------------------7.5 litros de agua
24 surcos ----------------X

X = (24) (7.5)/1 = 180 litros de agua.

Paso 6. Calcular el número de mochilas. Si la capacidad es de 15 litros.

180 litros/15= 12 mochilas.

Paso 7. Calcular la cantidad de producto por mochila.

204 mililitros / 12 mochilas= 17 ml/ mochila

SÉPTIMA SECCIÓN

Cosecha y manejo pos cosecha

Indicadores de madurez

Un indicador de madurez permite identificar el estado de desarrollo del fruto para saber el momento oportuno de la cosecha para el consumo y mercado. Si se cosecha antes o después afecta la calidad y limita su tiempo de conservación. Hay tres tipos de madurez:

a. Comercial o de corte. Estado de desarrollo del fruto de jitomate que reúne los requisitos mínimos para ser cosechado.

b. Fisiológica. Estado de desarrollo del fruto con una calidad mínima aceptable por el consumidor, una vez que haya sido cosechado.

c. Madurez de consumo. Estado de desarrollo del fruto en el que ha alcanzado su máxima calidad estética y sensorial para consumo humano inmediato.

Otro aspecto a tomar en cuenta durante la cosecha, el jitomate es un fruto climatérico. Es decir, que continúa su maduración una vez cosechado de la planta, debido a que aumenta su proceso de respiración y la producción de una hormona llamada etileno (responsable de la maduración y envejecimiento del fruto). Otros ejemplos de este tipo de frutos: melón, plátano, manzana, pera, higo, kiwi.

Patrón de color de indicadores de madurez

Clase de madurez	Característica
Verde maduro 1	Al rebanar un fruto, las semillas se cortan, no hay material gelatinoso en ninguno de los lóculos.
Verde maduro 2	Las semillas están completamente desarrolladas y no se cortan al rebanar el fruto, presenta material gelatinoso por lo menos en un lóculo. Es la madurez mínima a la que se puede cosechar.
Verde maduro 3	El material gelatinoso se encuentra bien desarrollado en los lóculos pero sigue completamente verde.
Verde maduro 4	Presenta coloración roja interna al final de la floración, pero no manifiesta cambios de color externamente.
Clase de madurez	Característica
Estrella o rayado	Comienza a mostrar color rosado externamente, rojo o amarillo al final de la floración. En la base del fruto da la apariencia de estrella.
Cambiante	Se muestra en la superficie un mínimo del 10% pero no más del 30% un cambio definido de color verde a amarillo café, rosa, rojo o una combinación de estos.
Rosa	En suma la superficie muestra un mínimo del 30% pero no más del 60% de color rosa o rojo.
Rosa claro	La superficie muestra un mínimo del 60% de color rojo rosado o claro, pero menos del 90% muestra color rojo.
Rojo	Más del 90% de la superficie muestra color rojo

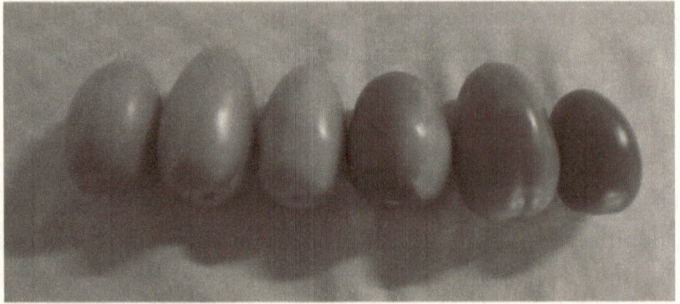

Foto: Archivo OPIC, A. C.

La cosecha de jitomate se basa entonces en los índices de cosecha siguientes:

I.   La madurez mínima para cortar el fruto de la planta es en *verde maduro 2.*

II. Para los tomates de larga vida de anaquel, la mínima madurez de cosecha corresponde a la clase rosa ó 4 de la tabla patrón de color.

III. Para exportación se cosecha en estrella y cambiante. Mientras que para el mercado nacional es de rosa y rojo.

Parámetros de calidad

La calidad del tomate se define en función de los siguientes parámetros:

a. Forma. La fruta debe estar bien formada (redondo, forma globosa, globosa aplanada u ovalada, dependiendo de la variedad).

b. Color. Uniforme (anaranjado-rojo a rojo intenso; amarillo claro). Sin hombros verdes.

c. Apariencia. Lisa y con las cicatrices pequeñas correspondientes a la punta floral y al pedúnculo. Ausencia de grietas de crecimiento, cara de gato, sutura, quemaduras de sol, daños por insectos y daño mecánico o magulladuras.

d. Consistencia. Resistencia al tacto. No debe estar suave ni se debe deformar fácilmente.

Manejo pos cosecha
(selección, clasificación, empaque y almacenamiento)

La cosecha se realiza a mano fruto por fruto, de preferencia por la mañana para evitar que los frutos estén calientes. Los frutos se colocan en cajas de plástico de una capacidad de 30 kilogramos; se debe tener cuidado de no llenar las cajas para no maltratar al momentos de estibarlos.

Una vez cosechado se colocan las cajas en la sala de empaque, se limpian con una franela para quitar polvos o manchas y se hace la clasificación. Un criterio de selección es el tamaño, generalmente salen de tres tipos, chico, mediano y grande. Un segundo criterio es el color, en función de los índices de madurez. Lo clave es que se realice la cosecha una vez cumplido el índice de madurez comercial para evitar que la planta se debilite.

Si el jitomate no se comercializa de forma inmediata, se debe prever el almacenamiento en un cuarto fresco, sombreado, seco y con buena ventilación. Dependiendo del grado de madurez, tomar en cuenta las siguientes temperaturas:

Índice de madurez	Temperatura
Verde maduro	12.5-15 oC.
Rojo claro	10-12.5 oC
Maduro firme	7-10 oC

Para jitomates que han alcanzado su estado de maduro firme, la vida de anaquel es de 8 a 10 días, si se aplican temperaturas menores se presenta el daño por frío. Cuando se almacenan frutos que todavía no alcanzan su madurez comercial se deben procurar temperaturas de 18 a 21° C y una humedad relativa de 90 a 95%.

Se debe tomar en cuenta que los tomates son sensibles al frío, a temperaturas inferiores a 10° C existe daño, debido a que los frutos tienen una incapacidad para desarrollar una coloración completa y pleno sabor, aparición irregular de color o manchado y suavización prematura, las semillas se tornan de un color pardo y se empiezan a pudrir.

Aplicación del etileno

Los tomates son sensibles al etileno y los frutos en etapa verde-madura expuestos a esta hormona estimulan su maduración. Los tomates en proceso de maduración producen etileno a una tasa moderada, por lo que no deben almacenarse o trasportarse con productos sensibles al etileno.

La aplicación de ethrel en la planta es una práctica importante para acelerar la maduración del fruto, esto se hace comúnmente al final de cosecha o bien cuando se especula que el precio va a bajar en los próximos días. La aplicación se hace de tres maneras:

a. Aspersión a toda la planta. Cuando se quiere acelerar la maduración de los últimos tres racimos para terminar el ciclo de cultivo.

b. Solución de agua y ethrel. Se hace una mezcla de 7 ml de producto por litro de agua y se sumergen los frutos durante 5 minutos en la solución. Se deben secar bien los tomates antes de empacar. La maduración ocurre en dos días.

c. Aplicación directa al tallo y fruto. Se mezcla el 50 % de ethrel y 50 % de yogurt natural. Con un cepillo dental se aplica directamente al tallo por debajo de los últimos tres racimos. O bien, se aplica directamente a los frutos con una esponja, sólo madura el racimo que se le aplica.

Foto: Archivo OPIC, A. C.

REVISIÓN BIBLIOGRÁFICA

Bunch Rolando. 1995. Dos mazorcas de maíz. Una guía para el mejoramiento agrícola orientado a la gente. Vecinos mundiales. USA.

Coen Reijntes et al. 1995. Cultivando para el futuro. Introducción a la agricultura sustentable de bajos insumos externos. Nordan comunity. Holanda.

Misereor. 2001. Tierra fértil. Bases para un desarrollo sostenible. Departamento de América Latina. Alemania.

González M. F. et al. 2002. Una estrategia para lograr la sustentabilidad campesina: la recuperación del suelo. LEISA. Revista de agroecología. Lima, Perú.

Castellanos R. J. 2010. Manual de producción de tomate en invernadero. INTAGRI. México.

Castellanos R.J. 2004. Manual de producción hortícola en invernadero. México.

AGRADECIMIENTOS

La OPIC hace un reconocimiento especial al Ing. Abel González Moreno quien realizó la recopilación de la información de este manual, y al equipo técnico de la OPIC.

M.C. Ramón Alfonso Herrera	Diseño PIC y Coordinación Académica.
Lic. Moisés Delgado Velasco.	Coordinador Operativo.
Dr, Teódulo Ramírez Calvario.	Coordinador de Asistencia Técnica.
Ing. José Jericó Álvarez Cruz.	Prestador de Servicios Profesionales.
C. Chaparro Chaparro Sergio.	Promotor Agrícola.
C. Dionicio Valdez Jorge.	Promotor Agrícola.
C. Florencio Gregorio Javier.	Promotor Agrícola.
C. Hilario Antonio Elías.	Promotor Agrícola.
C. Morales Trejo Reynaldo.	Promotor Agrícola.
C. Nicolás Domínguez Miguel Á.	Promotor Agrícola.
C. Pascual Martínez Armando.	Promotor Agrícola.
C. Pérez Martínez Cesar.	Promotor Agrícola.
Lic. Ramírez Pérez Mauricio	Promotor Agrícola.
C. Ruiz Álvarez Miguel Ángel	Promotor Agrícola.
C. Ruperto Bernabé Araceli	Promotor Agrícola.

www.ingramcontent.com/pod-product-compliance
Lightning Source LLC
Chambersburg PA
CBHW022058170526
45157CB00004B/1400